Body Talk

Gabriele Metz
Ramona Teschner

Körpersprache für Hundehalter

KOSMOS

Reine
KOPFSACHE

Der
OBERKÖRPER

Richtungsweisend –
DIE BEINE

Kombinierte
KÖRPERSPRACHE

Zu diesem Buch

● **Jeder kann's!**

Besser könnten die Voraussetzungen gar nicht sein. Niemand braucht einen prall gefüllten Geldbeutel, um Hunde erfolgreich zu erziehen. Auch wenn gute Hundeschulen und durchdachtes Ausbildungs-Equipment durchaus zum Erfolg beitragen, gibt es das wichtigste aller Trainingsmittel völlig umsonst: die eigene Körpersprache. Mit ihr dirigiert auch der vierbeinige Chef eines Hunderudels seine Gruppe. Mit Hundepfeife, Schleppleine und Target Stick ausgestattet, würde er eine befremdliche Figur machen. Statt zu pfeifen, gibt er deutliche Körpersignale. Dabei setzt er den ganzen Körper ein oder auch nur Teile davon. So sagt eine spezielle Ohrenhaltung mehr als tausend Worte. Und eine Veränderung der Rutenposition ist aufschlussreicher als jedes Erziehungs-Standardwerk.

● **Kleiner Unterschied? – Macht nichts!**

Nun gleicht die Körpersprache eines vierbeinigen Rudelchefs nicht der des zweibeinigen Hundeführers. Das muss sie auch nicht, denn Hunde sind anpassungsfähig. Sie verstehen sich darauf, alle Sinne für die Körpersprache ihres Menschen zu schulen. Und dabei wird schnell klar: Das Empfinden von Menschen und Hunden ist gar nicht so unterschiedlich. Eine freundliche, einladende Körperhaltung motiviert zum Näherkommen. Ein bedrohlicher Ausdruck lässt Hund und Mensch auf Abstand gehen. Doch was verbirgt sich eigentlich hinter einer freundlichen oder ablehnenden Ausstrahlung? Eindeutige Botschaften, die aus einer Vielzahl körperlicher Signale entstehen. Beteiligt sind die Augen, der Kopf, der Oberkörper mitsamt Armen, die Beine und manchmal auch die Stimme.

● **Alles aus einem Guss**

Der Körper bietet ein fast unerschöpfliches Arsenal an Möglichkeiten, sich Hunden gegenüber verständlich zu machen. Umso wichtiger ist es, den Blick und das Gespür für diese Vielfalt zu schulen. Denn solange der Hundetrainer mit fester Stimme „Platz" ruft, mit dem Körper jedoch „Mach doch, was du willst" signalisiert, solange er bedrohlich wie ein Raubtier wirkt, während er freundlich „Komm" säuselt… so lange scheitert der Dialog zwischen Mensch und Hund. Hörzeichen und Körpersprache dürfen keinen Widerspruch vermitteln, sie müssen aus einem Guss sein. Ansonsten missversteht der Hund die Zeichen des Trainers, reagiert in unerwünschter Weise und erntet dafür Groll.

Dieses Buch soll dabei helfen, die Signale des eigenen Körpers zu erkennen, ihre Wirkung auf Hunde besser wahrzunehmen, missverständliche Botschaften zu vermeiden und die Körpersprache so zu schulen, dass es zukünftig keine offenen Fragen mehr zwischen Mensch und Hund gibt. Freuen Sie sich auf eine abenteuerliche Reise, die sicherlich viele Aha-Effekte birgt. Freuen Sie sich darauf, mit Ihrem Hund demnächst auf eine Weise zu kommunizieren, die auf andere wirkt wie schiere Zauberei.

Nun viel Spaß beim Schmökern und Ausprobieren!

Herzlichst, Ihre

Gabriele Metz

R. Teschner

Gabriele Metz   Ramona Teschner

Reine
KOPFSACHE

Augen können verführen, langweilen oder drohen.
Ein lächelnder Mund schmeichelt, griesgrämig
heruntergezogene Mundwinkel stoßen ab. Ein
übermütig in den Nacken geworfener Kopf vermittelt Lebensfreude. Ein tief zwischen den Schultern
vergrabenes Haupt schafft Unwohlsein. Körpersprache vermag mehr zu sagen als viele Worte. Der
Kopf nimmt hierbei eine zentrale Stellung ein. Er
ist das Erste, an dem sich andere orientieren. Und
das gilt auch für Hunde. Sie haben feine Antennen,
wenn es um den Augenausdruck ihres Menschen
geht. Sie wissen durchaus, wann ein Mund Freundlichkeit, wann Ärger ausdrückt. Und eine charakte-
ristische Kopfhaltung interpretieren sie auf große
Distanzen hin verblüffend genau. Grund genug, die
Ausdrucksmöglichkeiten des Kopfes voll und ganz
beim Dialog mit dem Hund auszuschöpfen.

Augenblick mal

Ein tiefer Blick in die Augen verrät viel über einen Menschen. Er entscheidet in den ersten Sekunden des Kennenlernens über Sympathie oder Antipathie. Augen können freundlich wirken, Skepsis oder gar Ablehnung ausdrücken, Druck ausüben oder Druck aus einer Situation nehmen. Es gibt direkten und indirekten Blickkontakt. Kurzum: eine schillernde Vielfalt der Möglichkeiten.

Hunde nehmen die Signale des menschlichen Auges intensiv wahr. Hierbei gibt es mehr Empfindungen, als oft angenommen wird. Hieß es früher pauschal „Starre einen Hund nicht an. Dann beißt er dich!", wissen moderne Hundetrainer längst, dass ein direkter Blickkontakt durchaus auch positive Auswir-

kungen haben kann. Dann, wenn er zum richtigen Zeitpunkt in der entsprechenden Situation erfolgt. Doch langsam. Erst einmal zurück zum Augenausdruck selbst. Wie kommt er eigentlich zustande? Das Auge ist doch eine relativ unbewegliche Kugel, die sich nach unten, nach oben und zu den Seiten drehen kann. Und die Pupille öffnet oder schließt sich, abhängig von den Lichtverhältnissen. Reicht das, um einem Hund eindeutige Botschaften zu vermitteln? Nein. Um das zu erreichen, brauchen die Augen Unterstützung. Von den Lidern, von den Augenbrauen, von den Stirnfalten und letztendlich auch der Kopfhaltung. Folgender Trainingsplan hilft, aus einem undefinierbaren Augenausdruck klare Botschaften zu machen.

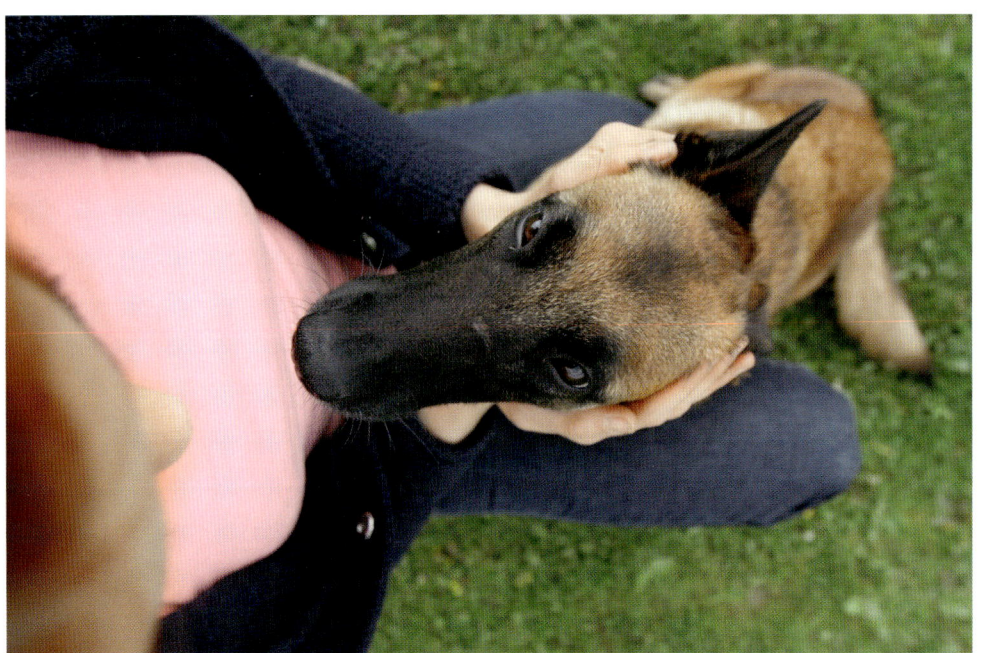

Hunde sind sehr augenorientierte Wesen. Sie selbst drücken Stimmungslagen mithilfe ihrer Augen aus.

Tipp

Sehr praktisch! Der Gesichtsausdruck, den wir beim Foto für den Personalausweis aufsetzen müssen, gleicht dem neutralen Ausdruck beim Hundetraining.

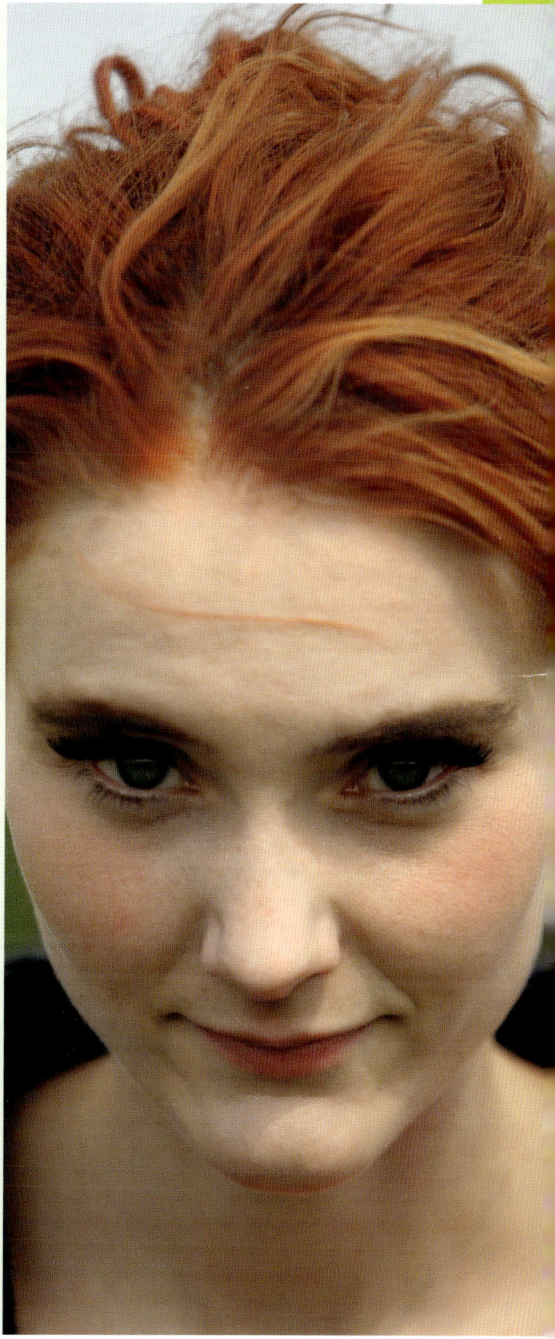

Spieglein, Spieglein an der Wand

Eine Trainingseinheit vor dem Spiegel hilft, das Repertoire der Augen zu überprüfen und zu üben. Als Erstes geht es um den Versuch, einen neutralen Blick aufzusetzen. Den kennzeichnet eine aufrechte, aber entspannte Kopfhaltung. Die Augen sind geöffnet, wobei die Lider weder aufgerissen werden, noch Schlafzimmerblick vermitteln, was durch leicht geschlossene Lider geschieht. Die Augenbrauen sind entspannt, die Stirn zeigt keine Mimikfalten. Auch zwischen den Brauen ist keine angestrengte, senkrechte Falte zu sehen. Der Blick ist geradeaus gerichtet. Es besteht folglich direkter Blickkontakt. Die Augenlider öffnen und schließen sich im normalen Rhythmus. Die Mundwinkel sind entspannt, also weder aufwärts noch abwärts zeigend. Die Atmung geht ruhig und gleichmäßig, die Schultern hängen entspannt herunter. Jetzt ist im Spiegel der Augenausdruck zu sehen, den auch Hunde als vollkommen neutral empfinden. Dahinter verbirgt sich keine Forderung, kein Druck, keine Bedrohung, aber auch kein Lob.

Freundlicher Blick

Als Nächstes steht ein freundlicher, einladender Augenausdruck auf dem Übungsplan. Einfach in der zuvor beschriebenen Position bleiben, aber jetzt beide Mundwinkel hochziehen. Der Blick wirkt noch immer neutral? Richtig. Denn lachende Augen bedürfen etwas mehr Einsatz als nur eines maskenhaften Anhebens der Mundwinkel. Der Gedanke an etwas Schönes hilft dem glaubwürdigen Augenausdruck auf die Sprünge. Jetzt regen sich auch die Muskeln in den Wangen. Rund um die Augen entstehen viele kleine sympathische Fältchen und mit einem tiefen Einatmen gelangt auch Glanz in die Augen. Der Lidschlag ist beschleunigt, was zum sympathischen Augenblinzeln führt.

Nun noch etwas den Kopf schief legen und mit leicht indirektem Blick in den Spiegel lächeln. Oder das Kinn zur Brust ziehen und von unten nach oben blicken. Das ist ein freundlicher Augenausdruck.

Um bedrohlich zu wirken, muss sich einiges verändern. Der Blick ist nun direkt. Der Kopf exakt frontal zum Spiegelbild ausgerichtet. Der Lidschlag ist verlangsamt. Die Augenbrauen nähern sich einander an. Zwischen ihnen bildet sich eine tiefe Furche. Dazu gesellen sich Stirnfalten und neutrale oder sogar leicht heruntergezogene Mundwinkel. Das Ganze funktioniert auch mit einem an die Brust gezogenen Kinn. Die Atmung ist flach und schneller als im neutralen Zustand.

● **Generalprobe**

Was vor dem Spiegel klappt, muss nun seine Tauglichkeit im wirklichen Leben unter Beweis stellen. Also: einen Helfer suchen und ausprobieren, wie die unterschiedlichen Augenausdrücke auf ihn wirken. Vorher nicht verraten, was die Blicke sagen wollen, sondern sie nur wirken lassen. Wichtig: Der Helfer soll genau beschreiben, was er in den einzelnen Situationen empfindet. Fühlt er sich wohl oder unwohl? Erst wenn die gewollte Botschaft bei ihm wie geplant ankommt, funktioniert das später auch beim Training mit Hunden. Notfalls nochmals zurück vor den Spiegel und weiter üben!

Tipp für Kids

Übe mit deinen Freunden! Versucht, Freude, Wut und andere Gefühle nur mit den Augen auszudrücken. Vorher auf einen Zettel schreiben und die anderen raten lassen.

Das Anheben oder Absenken der Mundwinkel verändert den gesamten Gesichtsausdruck.

Der Hund folgt Ramonas einladender Körperhaltung und wird dafür anschließend ausgiebig belohnt.

Tipp

Ziehen Sie beim Training eine zweite Person hinzu, die beobachtet, ob Ihre Blicke auch konsequent umgesetzt werden.

Eine freundliche Einladung

Also ab ins „Hunde-Klassenzimmer" und das Erlernte gleich ausprobieren. Das muss kein professioneller Hundeplatz sein, aber auf jeden Fall ein Bereich mit wenig ablenkenden Reizen. Gerade während der ersten Trainingsstunden stören andere Hunde, knatternde Mofas, vor sich hin pfeifende Radfahrer und andere Ablenkungen unheimlich. Eine ruhige, angenehme Atmosphäre ist eine wichtige Voraussetzung, um die Wirkung des gezielten Blickkontaktes zu überprüfen und zu trainieren. Alles beginnt mit der freundlichen Einladung. Der Hund soll auf Kommando hin zum Trainer kommen. Mit Trainer ist hier generell die Person gemeint, die mit dem Hund arbeitet. Das kann der Besitzer sein, ein Bekannter oder auch ein professioneller Hundeausbilder. Am besten hinhocken, sich dem Hund zuwenden, einen freundlichen Blick aufsetzen und

„Hier!" rufen. Bei Knieproblemen oder anderen gesundheitlichen Schwierigkeiten stehen bleiben. Ob der freundliche Augenaufschlag mit frontal zum Hund ausgerichtetem Kopf oder aber eher von unten nach oben erfolgt, hängt von der Position des Hundetrainers und der Körpergröße des Hundes ab. Aus einer stehenden Körperhaltung heraus ergibt sich automatisch ein Absenken des Kinns in Richtung Brust, wenn der Hund näher kommt. Hockt der Hundetrainer, ist sein Blick bei einem großen Hund wie einem Labrador geradeaus, bei einem kleineren Vertreter wie einem Westhighland White Terrier eher von oben nach unten gerichtet. Reagiert der Hund, ist natürlich ein Lob angebracht. Das kann ein freundliches „Prima!", ein Streicheln oder auch ein Leckerchen sein. Wichtig ist, dass die Belohnung sofort erfolgt. Dann festigt sie den Lernerfolg.

Alles bleibt so, wie es ist

Der neutrale Augenausdruck mag banal wirken, das ist er jedoch ganz und gar nicht. Er spielt innerhalb der Kommunikation zwischen Hund und Mensch eine ebenso wichtige Rolle wie fordernde, beschwichtigende oder freundliche Traineraugen. Schließlich ist im Umgang mit dem Hund nicht ständig Action gefragt. Oft gibt es an einer bestehenden Situation gar nichts zu ändern und dann ist auch eine neutrale Ausstrahlung wichtig. Beispiel: Der Hund ist der freundlichen Aufforderung des Trainers gefolgt und auf sein Signal hin gekommen. Dafür wurde er belohnt und jetzt fiebert er nach weiteren Herausforderungen. Der Ausbilder möchte nun aber etwas anderes machen, vielleicht ein kurzes Telefonat mit dem Handy führen. Folglich signalisiert er dem Hund, dass keine weiteren Jobs anstehen, indem er ihn neutral anblickt und ihm

Bis hierhin und nicht weiter!

Und wie steht es um den bedrohlichen Blick? Was hat er überhaupt in einer modernen Hundeerziehung verloren, die von positiven Impulsen geprägt ist? Eine ganze Menge, denn auch diese Facette des Ausdrucks gehört zum natürlichen Verhaltensrepertoire von Mensch und Hund. Es auszuklammern, wäre falsch, viel besser ist es, den Umgang mit diesem Signal gezielt zu trainieren. Schließlich geht es keinesfalls darum, den Hund grundlos einzuschüchtern. Ein bedrohlicher Augenausdruck soll vielmehr Grenzen aufweisen, die im Zusammenleben von Mensch und Hund nun einmal wichtig sind. Ohne diese Grenzen geht es drunter und drüber. Der Hund springt auf den Tisch oder ins Bett, wann immer er will. Er ignoriert bekannte Signale, weil er gerade keine Lust hat, sie zu befolgen. Kurz: Er pfeift auf das, was sein Mensch will. Wer das okay findet und ein antiautoritäres Leben mit selbstbestimmtem Hund schätzt, kann den bedrohlichen Blick aus seinem Übungsplan streichen. Wer sich Harmonie, Hierarchie und eine reibungslose Verständigung wünscht, trainiert besser auch den grimmigen Blick. Der ist übrigens auch in wild lebenden Hunderudeln zu sehen. Wenn dem Chef etwas gegen den Strich geht, zeigt er das deutlich mit einer Furcht einflößenden Grimasse. Gerade solche Chefs werden von den Rudelmitgliedern geschätzt.

● Wozu neutrale Blicke gut sind

Ein neutraler Blick ist auch dann angebracht, wenn der Hundetrainer möchte, dass sich der Hund selbst beschäftigt. Vielleicht spielt er gerade mit seinem Lieblingsspielzeug und blickt zwischendurch immer wieder einmal zu seinem Menschen. Jubelt ihm dieser nun freudig zu und setzt einen einladenden Blick auf, schnappt der Hund vermutlich sein Spielzeug und bringt es. Schon ist der Trainer wieder mit ins Geschehen eingebunden. Möchte er das nicht, fördert eine neutrale Ausstrahlung, dass sich der Hund selbst beschäftigt. Ein neutraler Blick signalisiert dem Hund, dass alles so bleiben kann, wie es ist, oder er dient als Überbrückung bis zu dem Moment, indem eine neue Botschaft erfolgt.

dann keine Aufmerksamkeit mehr schenkt. Ein freundliches „Bleib" vermag den Augenausdruck zu unterstreichen. Mit zunehmender Übung reicht der Blick bald aus.

Im Gegensatz zu Menschen versuchen sie nicht, sich durch Dauerfreundlichkeit und Leckerchenregen Sympathien zu erkaufen. Dominantes Verhalten signalisiert Stärke und Entscheidungsfreude, was einem Rudelchef jede Menge Pluspunkte einbringt. Im „Hunde-Klassenzimmer" lässt sich die Wechselwirkung von freundlichem und bedrohlichem Blick gut üben. Das Ziel besteht darin, den Hund gezielt anzulocken und wegzuschicken. Einleitung und Abbruch verschiedenster Aktionen werden so trainiert und das schafft eine stabile Basis für Alltags- und Trainingssituationen.

Auch grimmige Gesichter gehören zu den Signalen.

Druckaufbau und -abbau

Mit jeder neuen Übungseinheit verdeutlicht sich eines: Blicke sind mächtig. Sie können enormen Druck aufbauen und ihn auch wieder abschwächen. Hunde spüren genau, wohin ihr Trainer blickt. So konzentriert sich der Blick auf den Bereich hinter dem Hund, wenn er fortgeschickt wird. Der Raum hinter dem Hund ist jetzt tabu. Nach vorn soll es gehen. Bei einem „Bleib" ist das umgekehrt. Der Raum vor dem Hund ist nun tabu. Der Blick des Hundetrainers ist auf diesen Bereich gerichtet. Zutritt verboten. Wird das Signal aufgelöst, wendet der Trainer den Blick ab und gibt die Tabuzone wieder frei.

Gezielter Druckaufbau und -abbau hilft auch bei unterhaltsamen Freizeitbeschäftigungen wie Dog Dance oder Trick Dogging. Bei beiden wird viel auf Distanz gearbeitet. Soll der Hund mit dem Vorderkörper weichen, fixiert der Trainer mit den Augen den Schulterbereich des Hundes. Soll er beschleunigt werden, hilft ein gezielter Blick auf seine Hinterpartie. Solange Power gefordert ist, richtet der Ausbilder seine Augen frontal auf den Hund. Möchte er Spannung aus der Situation nehmen, senkt er den Blick.

Durch Körperhaltung und Gesichtsausdruck wird Druck aufgebaut. Der Hund weicht zurück. Unten wird er freundlich eingeladen.

Tipp

Trainieren Sie lieber nicht mit Sonnenbrille, denn sie beschneidet den Hundetrainer um eine wertvolle Signalwirkung. Korrekturbrillen mit überdimensionierten Fassungen können den Augenausdruck undeutlich machen.

Abhängig von der Fellfarbe ist der Augenausdruck nicht immer leicht zu erkennen.

Und was ist mit dem Hundeblick?

Bislang ging es um den Blick des Hundetrainers. Der ist schließlich ausschlaggebend. Doch es schadet nichts, sich mit der Interpretation des Hundeblicks auszukennen. Er verrät, ob sich der Vierbeiner in der Trainingssituation wohlfühlt, ob er die Signale versteht oder ratlos ist. Blicke, Gestik, Mimik, Körperhaltung und Lautäußerungen verraten viel über seine Emotionen. Wobei letztendlich das Zusammenspiel aller Signale entscheidend ist, nicht das Einzelsignal.

Was Hundeaugen verraten

Ein neutral gestimmter Hund hat auch einen entspannten Blick, der interessiert die Umgebung oder sein Gegenüber beobachtet. Der Lidschlag ist gleichmäßig, die Gesichtsmuskulatur entspannt. Blinzelt er, ist das ein freundliches Signal. Vermehrte Aufmerksamkeit ist jedenfalls gefordert, wenn die Augen des Hundes plötzlich weiter auseinanderzustehen scheinen, als sie es normalerweise tun. Dieser Eindruck entsteht, weil der Hund in diesem Moment die Kopf- und Gesichtsmuskulatur anspannt. Wirkt sein Blick nun außerdem unruhig, ist der Hund womöglich verunsichert.

Wer die Augen schließt, fühlt sich sicher. Blinzeln spricht für lässige Entspanntheit.

Direkter Blickkontakt gleicht in dieser Situation einer Provokation. Es ist Teil des Drohverhaltens.

Imponiergehabe

Das Gegenteil ist der Fall, wenn der Hund anderen imponieren möchte. In diesem Moment meidet er direkten Blickkontakt, zeigt aber gleichzeitig typische Verhaltensweisen wie einen staksigen Gang, der ihn größer erscheinen lässt. Schlägt das Imponiergehabe in Drohen um, fixiert der Hund sein Gegenüber starr mit den Augen. Das ist der Grund, weshalb sich Hunde durchaus bedroht fühlen, wenn Menschen sie anstarren.

Das ist in der Regel jedoch vor allem bei sehr dominanten oder sehr ängstlichen Hunden der Fall oder bei solchen, die schlechte Erfahrungen gemacht haben. Ein gut sozialisierter Familienhund verliert nicht gleich die Fassung, wenn ihn jemand anstarrt. Eine gute Grundregel ist: Fremde Hunde nie anstarren. Beim eigenen Hund das Anstarren ruhig nutzen, um unerwünschtes Verhalten zu unterbinden.

Demutsgesten

Senkt der Hund den Blick, kann das ein Zeichen der Demut sein, wenn auch die übrigen Körpersignale – wie zum Beispiel das Abwenden des Kopfes, das nach hinten Drehen der Ohren und das waagerechte Zurückziehen der Lefzen – dafürsprechen. Immer den Gesamteindruck mit einbeziehen.

Die Pupillen des Hundes

Genau wie beim Menschen, verraten auch die Pupillen einiges über den emotionalen Zustand des Hundes. Ihre Aussagekraft ist jedoch mit Vorsicht zu genießen, weil die exakte Pupillengröße bei vielen Hunden nicht gut zu sehen ist und auch die Stärke des Umgebungslichtes Einfluss darauf nimmt. Dennoch: Geweitete Pupillen signalisieren meistens Interesse oder eine andere Form der Erregung. Kleine Pupillen sprechen eher für Langeweile und Schläfrigkeit. Kurz vor einem Angriff verkleinern sich die Pupillen des Hundes übrigens extrem, um sofort wieder ganz groß zu werden.

Die Kopfhaltung

Man kann den Kopf übermütig in den Nacken werfen, ihn tief zwischen den hoch gezogenen Schultern vergraben, ihn schief legen, frontal ausrichten oder seitlich wegdrehen. Dank einer Vielzahl von Muskeln, sind zahlreiche Varianten möglich. Oft sind es Emotionen, die ganz unbewusst zu einer bestimmten Kopfhaltung führen. Der geplante Einsatz ist eher selten. Ihn nutzen vor allem Menschen, die psychologisch und verhaltensbiologisch geschult sind. Sie wissen, welche Kopfhaltung welche Wirkung auf die Umwelt hat. Gute Führungskräfte und auch geschickte Verkäufer beherrschen diese Form der Körpersprache oft aus dem Effeff. Hundehalter sollten diese Fähigkeit ebenfalls nutzen. Denn eine gezielt eingesetzte Kopfhaltung unterstreicht Hörzeichen und macht sie manchmal im Lauf der Zeit auch überflüssig. Umgekehrt führt eine zufällige Kopfhaltung mitunter zu Missverständnissen. Vielleicht ist dem Hundehalter gerade kalt und er zieht den Kopf tief in den Mantelkragen, während er seinem Vierbeiner ein Signal gibt. Das eine passt nicht zum anderen. Ein aufmerksamer Hund reagiert vielleicht verwirrt und unschlüssig.

Bei Hunden spielt die Kopfhaltung eine wichtige Rolle. Gerade, wenn es um lebenswichtige Entscheidungen wie Rückzug oder Angriff geht. Diese Extreme kommen zwar vor allem bei wild lebenden Hunderudeln vor, dennoch sind die typischen Verhaltensweisen auch bei jedem Familienhund verankert. Er registriert genau, ob sein Gegenüber den Kopf frontal ausrichtet oder wegdreht.

Aus dieser Beobachtung zieht er Schlüsse, die sich wiederum auf sein Verhalten auswirken. Frontal fühlt er sich stets direkt angesprochen. Der Druck ist größer als bei einem seitlich positionierten Kopf.

Lefzenlecken ist viel einfacher, wenn Ramona den Kopf seitlich dreht. Eine freundliche Geste – von beiden Seiten.

Der Islandhund zeigt deutlich seinen Machtanspruch mit gesträubtem Nackenfell, direktem Blickkontakt und nach vorn geneigten Ohren.

Kopfhaltung bei Hunden

Ein kurzer Ausflug in die Welt hundetypischer Kopfhaltungen hilft, den Blickwinkel des Hundes besser zu verstehen. Angefangen mit dem normalen Ausdruck eines Hundes, der sich neutral verhält: Bei ihm ist der Kopf leicht angehoben. Hunde mit Stehohren richten diese interessiert auf und drehen die Öffnung nach vorn. Hängen die Ohren herab, ist immerhin ein deutliches Vorziehen der Ohrwurzel erkennbar. Ist der Hund verunsichert, senkt er den Kopf und dreht die Ohröffnung zur Seite. Bei Stehohren ist das deutlich zu sehen. Bei Schlappohren richten sich die Ohrwurzeln seitlich aus. Beim Imponiergehabe fällt die waagerechte Ausrichtung des Kopfes auf. Die Ohrwurzeln bewegen sich nach vorn. Stehohren scheinen sogar fast nach vorn zu neigen. Kipp- und Schlappohren werden am Ansatz leicht aufgerichtet. Spitzt sich die Situation zu, gelangt der Hund in die Phase des Angriffsdrohens. Nun senkt er den Kopf noch ein bisschen mehr, bis er sich auf derselben Höhe wie der Rücken befindet. Möchte der Hund einer Eskalation aus dem Weg gehen, dreht er seinen Kopf weg vom Gegner. Das ist eine Demutsgeste, die auch den Blickkontakt unterbricht. Rollt sich der Hund nun auf den Rücken, zeigt er eine passive Unterwerfung. Es gibt auch eine aktive Form der Unterwerfung, bei der sich der Kopf des Hundes dem Gegenüber annähert. Der Hund sucht Kontakt zur Schnauze eines Artgenossen oder zu den Mundwinkeln des Menschen. Es handelt sich um eine Form des sozialen Grüßens, den Versuch, Distanz abzubauen, wobei keinerlei Machtanspruch besteht.

Schnell mal weggeschaut und Ohren weggeklappt!

Diese Kopfhaltung signalisiert: „Alles in Ordnung!"

Kopfhaltung des Hundetrainers

Nun zu den unterschiedlichen Kopfhaltungen des Hundetrainers. Angefangen mit der neutralen Position, die der des Hundes ähnelt. Der Kopf ist geradeaus gerichtet. Die Gesichtsmuskulatur ist entspannt. Der Blick wirkt ruhig. Dies ist die ideale Kopfhaltung, wenn beim Hundetraining alles so läuft, wie es soll. Es gibt keinen Grund zur Korrektur, keinen Anlass für verstärkte Forderungen und auch keinen zu überschwänglichem Lob. Diese Kopfhaltung signalisiert dem Hund, dass alles in Ordnung ist und sie gibt ihm die Freiheit, sich innerhalb der aktuellen Situation frei zu bewegen. Das kann beim Beschnüffeln des Wegesrands sein, beim Erkunden des Hundeplatzes oder beim Spiel mit einem anderen Hund.

Erhobenes Haupt

Hebt der Hundetrainer den Kopf an, verändert sich seine Ausstrahlung. Diese Position vermittelt Macht. Das steigert die Aufmerksamkeit des Hundes. Ihn beeindruckt das Selbstbewusstsein des Ausbilders, was wiederum die Bereitschaft, sich ihm anzuschließen, steigert. Ein erhobener Kopf steht für Überblick. Für die Fähigkeit, Verantwortung zu übernehmen. Sie ist somit die perfekte Kopfposition, wenn vom Hund etwas gefordert wird. Viele Hörzeichen lassen sich durch Anheben des Kinns wunderbar unterstreichen. Auf Menschen wirkt diese Kopfhaltung ähnlich. Sie sollte jedoch mit Bedacht eingesetzt werden. Ansonsten halten einen die anderen schnell für überheblich.

Gesenkter Kopf

Eine gesenkte Kopfhaltung, die durch das Annähern des Kinns an die Brust entsteht, wirkt ganz anders. Abhängig von der Situation signalisiert sie Nachdenklichkeit, Schuldgefühle, einen defensiven Rückzug, Unsicherheit, Demut, Unterordnungswillen, Trauer oder auch Schmerz. Hunde machen es sich bei der Deutung dieser Kopfhaltung allerdings leichter. Erfolgt sie in Kombination mit einem einladenden Hörzeichen wie „Hier", folgen sie gern, weil die gesenkte Kopfhaltung freundlich einladend und keinesfalls bedrohlich wirkt. Genau an diesem Punkt überschneiden sich die Deutungen: Von einem Menschen mit einem gesenkten Kopf ist in der Regel kein Angriff zu erwarten. Im Gegenteil: Vielleicht lässt er sich sogar manipulieren. Ob der Hund diese Möglichkeit ausnutzt oder nicht, hängt von seinem Ausbildungsstand und seinem Wesen ab. Manche probieren es, andere nicht. Der Trainer reagiert darauf ganz individuell. Bei sensibleren Hunden setzt er verstärkt defensive Körpersprache ein, um ihr Selbstbewusstsein zu stärken. Bei dominanteren Exemplaren ist die gesenkte Kopfhaltung moderater einzusetzen. Sie wird von vierbeinigen Kraftprotzen gern als mangelndes Selbstbewusstsein gedeutet und zur Stärkung der eigenen Position schamlos ausgenutzt. Da ist es besser, Position zu beziehen und dem Hund mit betontem Selbstbewusstsein gegenüberzutreten. Aber immer auch mit dem entsprechenden Feingefühl.

Ramona senkt ihr Kinn und gestattet dem Langhaar-Collie, ganz eng auf Tuchfühlung zu gehen.

jedoch tatsächlich so. Dabei signalisiert die Kopfneigung keinesfalls Unterwürfigkeit. Sie festigt vielmehr die eigene Position, spricht aber gleichzeitig für eine von Sympathie geprägte Öffnung gegenüber anderen. Ganz klar, dass dieses Signal auch rein intuitiv gegenüber Hunden vorkommt. „Nein, ist der niedlich!", „Das hast du prima gemacht!", „Feiner Kerl!" – welche Kopfhaltung könnte besser zu diesen schmeichelnden Worten passen, als die leicht nach rechts geneigte? Doch empfinden Hunde bei diesem Signal dieselben Emotionen? Es scheint so. Jedenfalls nehmen sie lobende Worte, die von einer nach rechts geneigten Kopfhaltung begleitet werden, oft freudiger auf als das Lob eines Trainers, der das Kinn verbissen an die Brust zieht.

Wohlwollende Aufmerksamkeit

Wenn wir uns für einen anderen interessieren und bereit sind, ihm wohlwollende Aufmerksamkeit zu schenken, neigen wir den Kopf gern nach rechts. Es mag Ausnahmen geben, bei den meisten Menschen ist es

Ungeteilte Meinung

Umso verblüffender ist es, dass wir instinktiv Zweifel und Skepsis wittern, wenn unser Gegenüber den Kopf nach links neigt. Meistens ist das tatsächlich ein Zeichen für Disharmonie. Der andere teilt unsere Meinung nicht, möchte noch mal nachhaken, benötigt weitere Informationen und Überzeugungsarbeit. Ob Hunde den Unterschied zwischen linksseitiger und rechtsseitiger Kopfneigung des Hundetrainers instinktiv wahrnehmen, wurde noch nie wissenschaftlich repräsentativ untersucht. Doch dass sie unterschiedlich auf diese beiden Kopfpositionen reagieren, ist Fakt. Und die Erklärung hierfür liegt auf der Hand: Menschen verändern ihre Mimik und Körperhaltung, wenn in ihnen Skepsis und Zweifel aufkeimen. Sie wirken ganz anders, wenn Sympathie und Aufgeschlossenheit im Spiel sind. Da Hunde die ganzheitliche Körpersprache und auch die Stimmlage wahrnehmen, bemerken sie auch den Unterschied zwischen der links- und rechtsseitigen Kopfneigung. Eben weil beide Varianten mit einer grundverschiedenen Ausstrahlung einhergehen.

Tipp für Anfänger

Üben Sie die unterschiedlichen Kopfhaltungen vor dem Spiegel und machen Sie sich bewusst, wie welche Position auf die Umwelt wirkt. Trainieren Sie Haltungen, die Ihnen schwerer fallen, ganz gezielt.

Kopf abwenden

Beim Abwenden des Kopfes kann es hingegen zu grundlegenden Missverständnissen kommen. Während Hunde den Kopf abwenden, um ihr Gegenüber zu beschwichtigen und bloß keine Eskalation zu riskieren, machen wir dasselbe aus ganz anderen Beweggründen. Den Kopf wegdrehen heißt: „Ich verachte dich. Mich interessiert überhaupt nicht, was du sagst!" Ablehnung und Desinteresse schwingen hier mit. Beide ganz und gar keine unterwürfigen Stimmungen, sondern regelrecht offensive. Den Hund erreicht allerdings eine ganz andere Botschaft und schon ist das Missverständnis da. Beispiel: Der Hund ignoriert das Hörzeichen „Platz". Sein Besitzer reagiert empört und dreht verächtlich den Kopf zur Seite: „Du lernst es nie!" Er glaubt, dem Hund damit seine Kritik für das Fehlverhalten mitgeteilt zu haben. In Wirklichkeit signalisiert er ihm jedoch Unterwürfigkeit. Aus Sicht des Hundes eine klare Sache. Der Zweibeiner wollte etwas. Ich habe es nicht gemacht. Jetzt dreht er den Kopf weg, um mich zu beschwichtigen. Ich bin der Stärkere im Ring!
Bei scheuen oder extrem ängstlichen Hunden kann man das Abwenden des Kopfes gezielt einsetzen, um Druck aus der Situation zu nehmen. Für sie ist ein direkter Blickkontakt mit frontal ausgerichtetem Kopf oft einfach schon zu viel. Ihr Selbstbewusstsein wächst, wenn der Ausbilder seinen Kopf zur Seite dreht und damit zeigt, wie harmlos er ist.

Das Abwenden des Kopfes ist ein beschwichtigendes Signal, allerdings nur dann, wenn es gezielt als Reaktion auf den Trainer erfolgt.

Tipp für Kids

Ausprobieren! Merkst du den Unterschied, wenn jemand erst mit geradeaus gerichtetem und dann mit seitlich abgewandtem Kopf auf dich zukommt?

Nickende Kopfbewegung

Wir nutzen gern zwei weitere Kopfhaltungen im Alltag, die beim Dialog mit dem Hund jedoch wenig hilfreich sind: den nickenden und den pendelnden Kopf. Beide Varianten sind im natürlichen Verhalten des Hundes nicht verankert. Schier unvorstellbar, dass ein Rudelchef den anderen freundlich zunickt, wenn sie sich über seine Beutereste hermachen dürfen. Wie befremdlich ist der Gedanke, er würde abwägend den Kopf von rechts nach links pendeln lassen, weil er sich doch noch nicht sicher ist, ob er noch etwas fressen will. Nicken und Kopfpendeln können Hunden allenfalls als Kunststück beigebracht werden. Beim täglichen Dialog miteinander spielen sie keine Rolle und sorgen höchstens für Verwirrung.

Tipp für Kids

Macht euch gegenseitig die verschiedenen Kopfhaltungen vor und lasst den anderen raten, welche Kopfhaltung die eines Freundes und welche die eines weniger beliebten Bekannten ist.

Nicken ist für den Hund eine fremde Verhaltensweise. Er versteht sie nicht und sie irritiert ihn eher.

Ramonas Kopfposition unterstreicht die nach links weisende Position der Füße, das Leinensignal und die nach links weisende Hüfte.

Richtungsweisend

Verwirrung macht sich übrigens auch dann breit, wenn die Kopfposition des Trainers nicht der Arbeitsrichtung entspricht. Das bedeutet: Wenn der Hund bei Fuß läuft und es geradeaus geht, weist auch der Blick des Hundeführers in diese Richtung. Geht es nach links oder nach rechts, gibt sein Blick den Richtungswechsel vor. Dadurch legt sich der Hund geschmeidiger in die Kurve und bleibt auch jetzt schön nah bei Fuß. Spürt er den vorausschauenden Blick des Ausbilders? Vielleicht. Sicher ist allerdings, dass sich die Körperhaltung des Trainers durch die Veränderung der Kopfposition auf die anstehende Aufgabe vorbereitet. Und diese Signale des Körpers versteht der Hund sehr deutlich. Immer in die Richtung schauen, in die es gehen soll – das ist ein Basis-Tipp, der auch bei vielen hundesportlichen Aktivitäten für überraschende Ergebnisse sorgt. Agility-Freunde haben stets das nächste Hindernis im Blick und sprechen mit ihrem Körper dabei eine klare Sprache. Sei es Obedience, Begleithunde-Training oder einfach ein aus Spaß zusammengestellter Geschicklichkeitsparcours ... Wer seine Kopfposition immer auf den Punkt ausrichtet, der als Nächstes die volle Aufmerksamkeit des Hundes erfordert, ist klar im Vorteil.

Tipp

Jacken mit Kapuzen beeinträchtigen die Kopfhaltung und machen sie für den Hund fast unsichtbar. Hüte verstärken die Signale hingegen.

Der Mund

Ohne ihn wäre das Leben nur halb so schön. Vielleicht aber auch unkomplizierter. Was wären wir ohne den Mund – das Zentrum kulinarischer Genüsse, die Schaltzentrale der Kommunikation? Auch beim täglichen Umgang mit dem Hund ist der Mund nicht wegzudenken. Er gibt Hörzeichen, pfeift fordernd oder lobt mit sanftem Tonfall. Manchmal macht er aber auch einfach zu viel. Da wird ständig auf den Hund eingequasselt, so, als wäre er ein duldsamer Zuhörer, dem man alles anvertraut. Kein Wunder, wenn der Hund dann nicht immer gleich mitbekommt, ob der Dauerredner am anderen Ende der Leine nur so vor sich hintextet oder gerade

Tipp

Wer beim Training mit dem Hund Kaugummi kaut, beeinträchtigt die eindeutigen Botschaften des Mundes ungemein. Bei Bartträgern ist der Mundausdruck für den Hund schwieriger zu erkennen als bei rasierten Zeitgenossen.

etwas Konkretes will. „Was ich noch sagen wollte ... Sitz! Na, das ist ja wohl kaum zu glauben. Hast du – Sitz – diesen wüsten Autofahrer gesehen? Der hätte uns – Sitz jetzt – beinah umgefahren." Welcher Hund soll da noch durchsteigen?

Ein Lächeln kommt auch bei Hunden gut an.

Signale der Mundwinkel

Abgesehen von der verbalen Kraft des Mundes, hat er auch Signalwirkung, wenn der Redefluss versiegt. Es ist ein großer Unterschied, ob beide Mundwinkel fröhlich nach oben zeigen oder griesgrämig nach unten weisen. Entspannte, sinnliche Lippen haben eine andere Ausstrahlung als zu einem dünnen Strich zusammengepresste Strichlippen. Ein Kussmund oder ein zum Pfeifen gespitzter Mund gibt einem Hund ganz andere Signale als ein gähnender Mund. Hunde interessieren sich sehr für diese Signale. Schließlich gehört diese Form der Kommunikation zu ihrem ursprünglichen Verhaltensrepertoire. Nur unterscheiden sich die Bedeutungen der ähnlich wirkenden Signale. Grund genug, einmal genauer hinzusehen:

Was die Lefzen sagen

So ist das breit grinsende Gesicht des Hundes in der Regel kein Ausdruck der Freude. Nach hinten gezogene Maulwinkel verlängern den Lippenspalt und sind oft eines der für Unsicherheit typischen Körpersignale. Verkürzt sich die Lippenspalte hingegen deutlich und formt sich zu einem C, weil der Hund seine Lippen hoch- oder runterzieht, um die vorderen Zähne zu blecken, handelt es sich um sicheres Drohen. Bei Hunden mit dunklen Lippen und einem hellen Haarwuchs rund um das Maul, sind solche Lippenbewegungen besonders deutlich zu sehen. Bei vielen Hunden ist das aufgrund des Fells oder der Fellfarbe allerdings schwierig.

Beim unsicheren Drohen fällt der extrem lange Lippenspalt auf. Die Maulwinkel sind jetzt spitz und lang. Der Hund bewegt die Lefzen extrem weit nach oben, sodass – abgesehen von den vorderen Zähnen – auch das Zahnfleisch sichtbar wird. Er ist in diesem Zustand noch durchaus dazu bereit, sich bei Bedarf zu verteidigen. Er legt es aber nicht darauf an, sondern befindet sich eher schon auf dem Rückzug. Bei echter Unterwürfigkeit zieht der Hund die Lippen waagerecht zurück. Oft blitzt nun auch die Zunge hervor. Der Hund beleckt seine eigene Schnauze oder macht ungerichtete Zungenbewegungen.

Der c-förmige Maulspalt (o.l.) ist eine sichere Drohung. Der Husky droht zwar, allerdings ist er sich seiner Sache nicht sicher (o.r.). Das Züngeln (u.) signalisiert Unterwürfigkeit.

Was Lippen ausdrücken

Nun zu den Möglichkeiten, die unser Mund bietet. Da wäre einmal der offene Mund, der situationsabhängig Interesse, Erstaunen oder Erschrecken signalisiert. Es scheint auch so, als wenn der offene Mund die Bereitschaft etwas aufzunehmen begleitet. Im Gegensatz zum fest verschlossenen Mund, der mehr als deutlich sagt: „Ich bin mit mir selbst beschäftigt und jetzt gerade nicht offen für andere Dinge." Hohe Konzentration, körperliche Anstrengungen oder auch andere Anspannungszustände werden meistens von einem betont geschlossenen Mund begleitet. Es gibt aber auch den entspannt geschlossenen Mund, der eher auf innere Ruhe und Ausgeglichenheit schließen lässt. Er ist deshalb auch Teil der neutralen Mimik, die im Umgang mit dem Hund eine wichtige Position einnimmt.

Tipp für Anfänger

Stimmungen wirken sich unweigerlich auf den Mundausdruck aus. Wenn Sie einen schlechten Tag haben, sollten Sie einfach entspannt mit dem Hund spazieren gehen und nicht mit ihm arbeiten.

Heruntergezogene Mundwinkel können verschiedene Auslöser haben. Trauer, Schmerz, Verlustangst, Frustration, Teilnahmslosigkeit oder depressive Verstimmungen stecken häufig dahinter. Ein Dialog mit der Umwelt ist in dieser Situation unerwünscht. Deshalb schrecken heruntergezogene Mundwinkel Kontaktsuchende auch ab. Ganz anders ist die Wirkung hochgezogener Mundwinkel. Sie signalisieren Freude und die Bereitschaft, sich anderen zu öffnen. Das macht sympathisch, wirkt anziehend und kontaktbereit.

Auch Hunde können lächeln

Ist der Hund gut gelaunt und in einer positiven Grundstimmung, die sich für ein erfolgreiches Training eignet, wirkt sein Fang entspannt und ist leicht geöffnet. Oft schaut nun auch die Zunge hervor, was den sympathischen, fast lächelnden Gesichtsausdruck des Hundes unterstreicht. Hunde können nicht lächeln? Doch, sie können. Im Gegensatz zu anderen Haustieren scheinen einige von ihnen diese Verhaltensweise übernommen zu haben. Sie zeigt sich vor allem bei der Begrüßung des Menschen und gibt einen leicht unterwürfigen Beigeschmack. Die Fähigkeit hierzu ist genetisch veranlagt. Der gezielte Einsatz in einer bestimmten Situation mit dem bekannten Menschen ist erlernt.

Schließt sich der Fang des Hundes, verändert sich sein Ausdruck sofort radikal. Etwas hat sein Interesse geweckt und meistens wendet sich nun auch der Blick diesem interessanten Aspekt zu. Zieht er als Nächstes die Lippen zurück und bringt so Zähne und Zahnfleisch ans Tageslicht, ist das ein Warnsignal. Solange der Fang dabei noch weitgehend geschlossen bleibt, ist der Hund noch nicht massiv beunruhigt. Legt sich der Hautbereich oberhalb der Nase nun jedoch in Falten und die obere Zahnreihe kommt bei weiter geöffnetem Fang blitzend zum Vorschein, ist die Lage ernst. Wenn der Auslöser nun nicht das Weite sucht oder seine Demut demonstriert, könnte ein Angriff drohen.

Hilft Gähnen?

Nun ist auch klar, warum ängstliche Hunde verstört reagieren, wenn man die Mundwinkel zusammenzieht, um ein lockendes Geräusch zu machen. Das ist zwar nett gemeint, wirkt auf den Hund aber wie eine Drohgebärde. Deutliches Gähnen ist womöglich ein besserer Weg, um einem ängstlichen Hund die Angst zu nehmen. Zwar besagen neuste Studien, dass Gähnen bei Hunden kein Beschwichtigungssignal, sondern ausschließlich ein Stressanzeichen ist, doch Ramona Teschner möchte aufgrund ihrer täglichen Erfahrungen in der Hundeschule dennoch nicht aufs gezielte Gähnen verzichten. Ihrer Erfahrung nach wirkt es sich tatsächlich beruhigend auf unsichere Hunde aus und nimmt Druck aus angespannten Situationen. Für sie ist Gähnen somit nach wie vor eine hervorragende Variante der Körpersprache, um Angsthasen zu beruhigen und Potenzprotze zu beschwichtigen. Es funktioniert einfach. Tipp: Gähnen entfaltet seine optimale Wirksamkeit, wenn gleichzeitig eine Unterbrechung des direkten Blickkontaktes erfolgt und anschließend blinzelnde Augen einen friedlichen Neuanfang schaffen.

Herzhaft gähnen kann beruhigend wirken.

Wenn Hunde beim Training gähnen, kann das auf Stress hinweisen.

Anzeichen von Stress

Gähnen kann allerdings auch auf Stress hindeuten. Überfordert der Trainer seinen Hund, gähnt er womöglich angespannt. Bei Welpen und Junghunden kann schon ein allzu scharfer Tonfall dazu führen. Lernt der Hundeführer Hörzeichen mit freundlichem Tonfall zu vermitteln, stellt der Hund das Stressgähnen ein. In Lernsituationen sollte man deshalb unbedingt auf Gähn-Reaktionen achten und sofort die Erwartungshaltung senken, um den Hund wieder in eine neutrale und damit lernbereite Stimmung zu bringen.

Tipp

Mach mal 'ne Pause! Wenn der Hund gestresst reagiert, hilft ihm oft eine kurze Auszeit. Generell sollten Sie lieber öfter und dafür kurz mit ihm üben, dann wird der Hund auch nicht so schnell überfordert, er lernt schneller und hat mehr Spaß dabei.

Lippen lecken

Beschwichtigend wirkt auch das Belecken der eigenen Lippen bei gleichzeitigem Abbruch des direkten Blickkontakts und seitlich abgewandtem Kopf. Der gezielte Einsatz der Zunge begleitet das gesamte Leben des Hundes. Die Hundemutter leckt die Welpen, um zuerst ihre Atmung und Verdauung anzuregen, dann, um sie zu pflegen. Bald darauf beginnen die Wurfgeschwister, sich gegenseitig mithilfe der Zunge zu säubern. Mit zunehmendem Alter bekommt die Bedeutung des Leckens weitere Facetten. Es signalisiert dem Gegenüber, dass keinerlei Bedrohung zu erwarten ist. Das Belecken der mütterlichen Lefzen dient bei Welpen eigentlich der Anregung des Würgereflexes. Sie soll Nahrung von sich geben, damit die Kleinen, die langsam der Milch entwöhnt werden, ihren Hunger stillen können. Da Familienhunde-Welpen in der Regel keinen Hunger leiden, kommt es nicht zum Auswürgen der Nahrung. Besteht akuter Futtermangel, setzt dieser bei Wildhunden stark ausgeprägte Reflex in vielen Fällen wieder ein.

Auch beim Menschen angewandt

Hunde setzen ihre Zunge auch ein, um mit Menschen zu kommunizieren. Wobei das oft fälschlicherweise als Küssen interpretierte Belecken der Hand oder der Mundwinkel kein Liebesbeweis, sondern eher ein Zeichen der Unterwürfigkeit ist. Was nicht heißt, dass der Hund damit kein egoistisches Ziel verfolgt. Das ist durchaus so. So kann das Belecken des Menschen ein Betteln um Nahrung sein. Auf jeden Fall soll es aber auch beschwichtigen. Auf Ärger ist ein leckender Hund sicherlich nicht aus.

Tipp für Kids

Wenn dich ein Hund ableckt, ist das kein Kuss. Er macht das, um dir zu zeigen, dass er ungefährlich ist.

Der
OBERKÖRPER

Abgesehen vom Kopf mit seinen vielen feinen Signalen ist der Oberkörper eines der wichtigsten Zentren der Körpersprache. Er kann sich imposant aufrichten, demütig zusammenkauern, frontal sein oder seitlich drehen. Da der Torso einen Großteil des menschlichen Körpers ausmacht, hat er für den Hund eine enorme visuelle Signalwirkung. Veränderungen im Bereich des Oberkörpers sind auch auf weite Entfernung hin zu sehen, was beim Distanztraining hilft. Aber auch aus direkter Nähe lässt sich mit dem Oberkörper präzise auf den Hund einwirken. Er vermag den Weg freizugeben oder ihn zu blockieren. Er kann Aktionen beschleunigen oder verlangsamen. Es gibt kleine Zeichen, die durch gezieltes Ein- oder Ausatmen wirken, mittlere Zeichen, die durch Schulterbewegungen zustande kommen und große Zeichen, bei denen auch die Arme mitsamt Händen aktiv sind.

Tief ein- und ausatmen. Das beruhigt und macht einen klaren Kopf. Wer ruhig und gleichmäßig atmet, strahlt Ruhe und Souveränität aus.

Die Atmung

Hunde bemerken sofort, ob die Atmung ihres Gegenübers ruhig, beschleunigt oder gar hektisch ist. Die feinen Antennen haben sie von Geburt an, denn die Atmung anderer verrät, was gerade in ihnen vorgeht, und diese Information kann für einen Hund überlebenswichtig sein. Hebt und senkt sich der Brustkorb ruhig und gleichmäßig, ist die Atmosphäre entspannt. Vibriert er förmlich unter schnellen Atemzügen, spricht das für Erregung oder körperliche Anstrengung. Bei Hunden ist das Heben und Senken des Brustkorbs meistens deutlich zu sehen. Außer, sie haben ein sehr üppiges, langes Haarkleid. Doch selbst bei ihnen ist der Atemrhythmus erkennbar, wenn man die Oberlinie des Rückens beobachtet. Da wir in den seltensten Fällen mit entblößtem Oberkörper in der Öffentlichkeit auftreten, haben Hunde das Problem, unsere Atmung trotz Pullover, Jacke oder Mantel richtig einzuschätzen. Je weiter sie dabei vom Hundetrainer entfernt sind, desto schwieriger ist das für sie. Deshalb ist es von Vorteil, beim Training mit dem Hund, eng anliegende Oberteile zu tragen, die den Atemrhythmus gut widerspiegeln.

Entspannt bleiben

Da sich die Atmung direkt auf die Signalwirkung des Oberkörpers auswirkt, sollte sie nicht zufällig sein, sondern gezielt erfolgen. Ansonsten geschieht gerade in neuen Situationen genau das, was den Lernerfolg des Hundes gefährdet: Der Ausbilder verspannt sich und hält die Luft an. Dadurch entsteht eine deutlich spürbare Spannung, die Hunde schnell als Druck oder sogar als Bedrohung empfinden. Beides ist von Nachteil. Denn die nachhaltigsten Trainingserfolge werden in einem entspannten Umfeld erarbeitet. Nun ist es tatsächlich nicht leicht, die eigene Atmung gezielt zu beeinflussen. Sobald wir uns auf etwas anderes konzentrieren, verfallen wir in einen Atemautomatismus, der unter Umständen auch das ungewollte Stocken der Atmung mit sich bringt. Doch das lässt sich trainieren und weil der Dialog mit dem Hund dadurch so viel einfacher wird, lohnt sich ausgiebiges Atemtraining.

Gleichmäßiges Atmen beruhigt den Hund.

Atemübungen

Als Erstes steht die Grundatmung auf dem Übungsplan. Dahinter steckt der Versuch, so viel Luft wie möglich einzuatmen. Um Schwindelgefühle zu vermeiden, schöpft man zunächst lediglich das normale Atemvolumen aus. Nach und nach nimmt man etwas mehr Luft auf, was bei regelmäßigem Training zu einer Vergrößerung des Lungenvolumens führt. Diese Übung verhilft zu einer ruhigeren, wirksameren Atmung, die den Körper optimal mit Sauerstoff versorgt. Auf den Hund wirkt diese Atemtechnik ruhig und souverän. Sie ist somit eine gute Basis für verschiedene Lernsituationen.

Tipp – Richtig atmen

Anfangs erst in den Bauch und dann in die Brust einatmen, dann zuerst aus der Brust und anschließend aus dem Bauch heraus ausatmen.

Der Atemrhythmus

Ein weiterer wichtiger Aspekt ist der Atemrhythmus. Ist er unruhig, was in Stresssituationen ganz schnell geschieht, überträgt sich das umgehend auf den Hund. Er bemerkt den unregelmäßigen Atem seines Trainers und wittert Gefahr. Irgendetwas scheint nicht zu stimmen, ansonsten wäre der Atem des Chefs ja nicht beschleunigt. Um das zu vermeiden, sollte auch der Atemrhythmus trainiert werden. Wer gleichmäßig atmet, atmet genauso lange ein wie aus. Anfangs hilft mitzählen: fünf Sekunden lang einatmen, fünf Sekunden lang ausatmen. Mit der Zeit die Dauer des Ein- und Ausatmens steigern. Aber immer nur so viel, dass es als angenehm empfunden wird. Keinen falschen Ehrgeiz entwickeln. Das schadet beim Erlernen entspannter Atemtechnik.

Der Übergang zwischen Ein- und Ausatmen gehört ebenfalls zum Übungsplan. Oft entsteht hierbei nämlich eine Lücke, die sensible Hunde sofort wahrnehmen. Da stockt etwas und das verursacht Stress. Das Einatmen sollte möglichst übergangslos ins Ausatmen übergehen, was sich ganz gut mit folgendem Bild trainieren lässt: Man stellt sich vor, auf einem großen Rad zu sitzen, das sich ganz gleichmäßig vorwärts bewegt. Während der Aufwärtsbewegung atmen wir ein, am höchsten Punkt angekommen setzt das Ausatmen ein, um am tiefsten Punkt der Bewegung wieder ins Einatmen überzugehen.

Wenn Hunde schnell atmen, sind sie oft aufgeregt oder haben sich körperlich verausgabt.

Tipp für Kids

Stelle dir beim Einatmen vor, dein Körper wäre ein großer Luftballon, der sich zu allen Seiten hin gleichmäßig ausdehnt, wenn du einatmest.

Stimmungsbarometer

Wer richtig atmet, hat es auf jeden Fall leichter mit seinem Hund, weil er aus dem Atemrhythmus Stimmungen abliest. Die sind jedoch oft überhaupt nicht förderlich für den Dialog miteinander, sondern fördern Druck, Stress und Missverständnisse. All das wirkt sich gleich wieder auf die Atmung aus. Sie geht noch unregelmäßiger, hektischer oder stockt. Am besten beim Umgang mit dem Hund erst mal auf eine ruhige, gleichmäßige Atmung achten. Das schafft eine angenehme Arbeitsatmosphäre und eine gute Basis für weitere Signale des Oberkörpers. Steht hingegen eine klare Forderung an, darf man dieser ohne Weiteres durch tiefes Einatmen Nachdruck verleihen.

Ramona atmet ein und betont so ihre Forderung.

Ruhiges Atmen schafft ein gutes Arbeitsklima.

Langsam ausatmen

Wirkt der Hund überfordert, ist bewusstes Ausatmen ein gutes Mittel, um die Situation sofort zu entschärfen. Auch wenn man selbst gestresst ist, hilft es, stärker auszuatmen als einzuatmen, denn das entspannt. Das gilt übrigens nicht nur fürs Hundetraining, sondern auch für den Alltag. Probieren Sie es einfach mal aus.

Position des Oberkörpers

Frontal ausgerichtet oder seitlich abgewandt? Die Position des Oberkörpers gibt einem Hund eindeutige Signale. Gut nachvollziehbar. Man muss sich vorstellen, welche Empfindungen man hat, wenn sich ein anderer mit zügigem Schritt direkt auf uns zubewegt. Wir wissen sofort, dass er es auf uns abgesehen hat. Wir stehen im Zentrum der Aufmerksamkeit. Die Anspannung steigt. Nähert sich jemand mit seitlich abgewandtem Oberkörper, fühlen wir uns indirekt angesprochen. Diese Haltung wirkt allerdings auch weniger bedrohlich.

Von der Seite wirkt alles weniger bedrohlich.

Die T-Stellung: Der Aussie blockiert den Weg.

T-Stellung

Bei Hunden ist das nicht anders. So reagieren unsichere Vierbeiner entspannter, wenn der Trainer nicht direkt auf sie zugeht, sondern sich seitlich nähert. Das Zutrauen lässt sich noch weiter steigern, wenn er sich nicht von vorn auf den Hund zubewegt, sondern dessen Schulter ansteuert. Diese Form der Annäherung wirkt nicht bedrohlich. Warum das so ist, lässt sich nachvollziehen, wenn man sich mit der T-Stellung des Hundes befasst, einer Form des Imponiergehabes. Hierbei blockiert ein Hund frontal einen Artgenossen, indem er sich quer vor ihn stellt. Von oben betrachtet bilden die beiden Hunde nun ein T – daher die Bezeichnung. Der quer vor dem anderen stehende Hund drückt mit diesem Verhalten Dominanz aus. Er will dem anderen imponieren, ihm zeigen, wer der Stärkere ist. Für den blockierten Hund ist das durchaus eine bedrohliche Situation.

Vornübergebeugt

Ähnlich bedrohlich empfinden es manche Hunde, wenn sich ihnen ein Mensch mit nach vorn geneigtem Oberkörper nähert. Die Ursache gründet auch hier in den natürlichen Verhaltensmustern von Hunden. Lehnt ein Hund den Körper nach vorn und kombiniert das mit einer steifen Beinhaltung, legt er es auf eine Konfrontation an. Zwar muss es infolge nicht unbedingt zu einer körperlichen Auseinandersetzung kommen, aber die Bereitschaft dazu ist vorhanden. Gerade bei niedlichen Welpen keimt schnell der Wunsch, sich mit einem Schrei des Entzückens, nach vorn gebeugtem Oberkörper und nach unten ausgestreckten Armen auf den Hund zu stürzen. Nett gemeint, für den Kleinen jedoch ein Horrorszenario. Er fühlt sich bedrängt und reagiert – abhängig von Erfahrungsstand und Temperament entweder eingeschüchtert oder vielleicht sogar mit Abwehr. Vertrauen lässt sich so nicht schaffen. Das ist jedoch möglich, wenn der Zweibeiner mit gerade aufgerichtetem Oberkörper, entspannt atmend, mit etwas Abstand stehen bleibt und den Welpen mit Stimme und einladenden Gesten dazu auffordert, aus freien Stücken näherzukommen. Macht er das, sollte sich der Trainer hinhocken und einen Arm ausstrecken, damit der Hund an der Hand schnuppern kann, bevor er den nächsten Schritt zum engeren Körperkontakt wagt.

Tipp
Auch beim Hocken auf einen möglichst aufgerichteten Oberkörper achten. Keinesfalls weit nach vorn beugen und dem nahenden Welpen womöglich noch entgegenkippen.

Die Schultern

Die Schultern sind ein wahrer Fundus der Körpersprache. Schultern helfen, den Oberkörper für eine Vielzahl unterschiedlicher Signale zu rüsten. Eine einfache Übung verdeutlicht, wie sie auf den Hund wirken: Der Hundeführer lässt den Hund links neben sich stehen. Die Blicke sind nach vorn gerichtet. Nun soll sich der Hund kreisförmig im Uhrzeigersinn um den Trainer bewegen. Um das Ganze mit der Körpersprache zu leiten, stellt man sich vor, die eigene rechte Schulter wäre durch ein unsichtbares Gummiband mit der Nasenspitze des Hundes verbunden. Zur Einleitung der Drehung bewegt sich die rechte Schulter leicht auf den Hund zu, um dann sofort in Richtung Uhrzeigersinn zu weichen, damit der Weg für den Hund frei ist. Die rechte Schulter führt, bis der Hund den Menschen fast umrundet hat. Auf den letzten Zentimetern ist das schwierig, weil die

Tipp

Anfangs wird die Drehbewegung von Leinensignalen begleitet, bis der Hund verstanden hat, worum es geht. Auch die Einführung eines Hörzeichens, zum Beispiel „Round!" ist denkbar. Dennoch sollte das Ziel dieser Übung sein, den Hund mithilfe der Schultern zu steuern. Das lässt sich später auch auf andere Übungen ausdehnen.

rechte Schulter aus anatomischen Gründen keine Volldrehung bei unverändert positionierten Beinen vollziehen kann. Deshalb erfolgt nun ein schneller Seitenwechsel: Die linke Schulter übernimmt die Führung, nachdem der Hundetrainer seinen Oberkörper flink nach links gedreht hat. Wieder an das unsichtbare Gummiband denken, das Schulter und Hundenase miteinander verbindet.

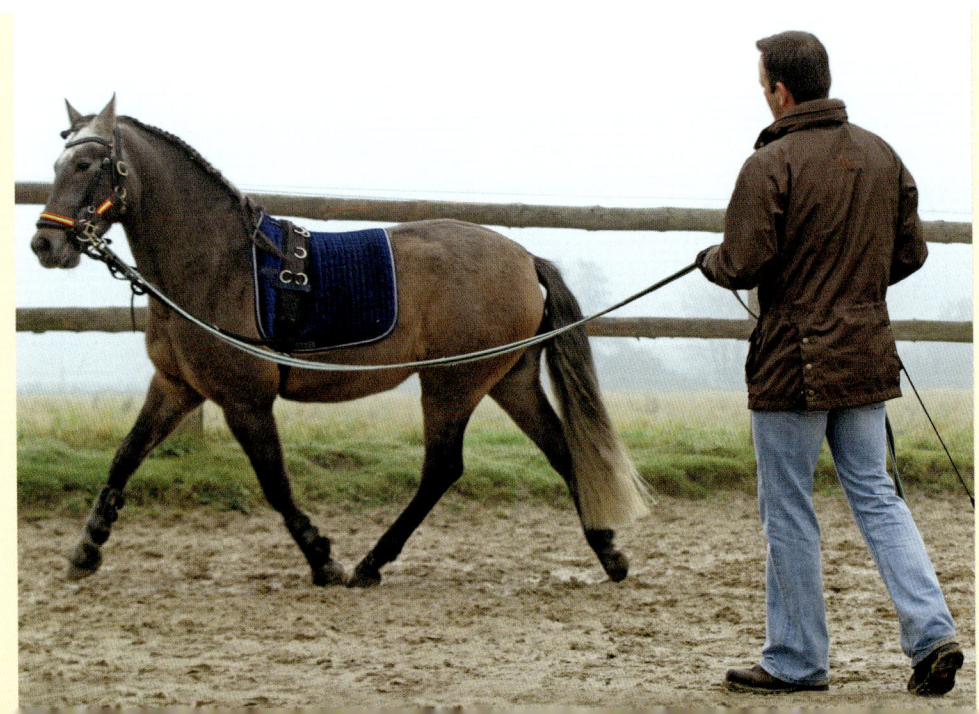

Die rechte Schulter gibt dem Hund die Richtung vor.

Die rechte Schulter gibt den Weg frei. Die rechte Hand weist die Richtung.

Das linke Bein blockiert nun den Vorwärtsdrang.

Longiertraining mit Hunden

Man kann diese Anleihe aus der Ausbildung von Reitpferden mögen oder befremdlich finden. Sicher ist jedoch, dass sich beim Longieren die Signale des Körpers hervorragend trainieren lassen.

Hundetrainerin Ramona Teschner arbeitet hierbei allerdings nicht nach dem Vorbild der Pioniere dieses Hundesports, die mithilfe von Zelthaken und einem Plastik-Flatterband einen Kreis abstecken.

Die linke Schulter des Longenführers gibt den Weg frei. Die rechte wirkt treibend auf die Hinterhand.

Sie bevorzugt das Freilongieren und setzt es ganz gezielt bei bestimmten Hunden ein. Welpen und Junghunde werden aufgrund ihres noch nicht abgeschlossenen Wachstums davon ausgeschlossen. Longieren ist eine einseitige Belastung und das könnte sich nachteilig auf junge Gelenke auswirken. Bei Rassen, die vermehrt zur Hüftgelenksdysplasie (HD) neigen, wartet die Trainerin sogar bis zum vollendeten zweiten Lebensjahr ab und nimmt dann nur HD-freie Hunde mit in die Longenarbeit auf. Und die ist wirklich sehr individuell geprägt.

Los geht's

Alles, was Ramona Teschner dazu braucht, ist eine fünf Meter lange Longe mit Karabinerhaken. Anfangs sollte die Longe nicht länger sein, weil der Hund bei geringerer Distanz schneller lernt, richtig auf die Körpersignale zu reagieren. Später funktioniert es auch mit einer sieben oder acht Meter langen, nicht zu schweren Longe. Bei den ersten Übungsversuchen kann es auch sinnvoll sein, Leckerchen oder das Lieblings-spielzeug des Hundes als Lockmittel einzusetzen. Ziel sollte jedoch sein, ihn zukünftig mithilfe der Körpersprache zu kontrollieren. Ist dieses Ziel erreicht, ließe sich der Hund theoretisch auch ganz ohne Longe longieren. Dann benötigt er jedoch eine kreisrunde Umgrenzung, die an Reitställen – in Form eines Round Pens oder Longierzirkels – zu finden ist. Im Zweifelsfall funktioniert aber auch ein selbst gebautes Rondell aus Strohballen.

Die Vorübung fürs Longieren erfolgt an der Leine. Die Reitgerte dient als optische Verlängerung des Armes und als Sichtzeichen, jedoch keinesfalls dazu, den Hund damit direkt zu berühren.

Tipp

Bevor Sie Ihren Hund an die Longe nehmen, sollten Sie dieses Experiment mit einem Bekannten wagen. Er hält die Longe in der Ihnen zugewandten Hand und läuft im Kreis um Sie herum. Versuchen Sie nun, Ihren Bekannten mithilfe von Longenimpulsen und Körpersprache zu steuern.

Ramonas linke Schulter ist auf einen Punkt hinter dem Hund ausgerichtet.

Die linke Hand unterstützt den vorwärtstreibenden Effekt der Schulter.

Nun wirken Schulter und Hand rückwärts.

Tempo mit der Schulter bestimmen

Doch welche Rolle spielen die Schultern hierbei? Eine zentrale. Wenn sie sich parallel zum Hundekörper befinden, signalisieren sie ihm, dass das aktuelle Tempo gut ist und beibehalten werden darf. Dreht sich die zur Hinterhand des Hundes weisende Schulter leicht zum Hund ein, beschleunigt ihn das. Dreht sich hingegen die zum Kopf weisende Schulter leicht gegen die Bewegungsrichtung ein, verlangsamt sie den Hund. Verstärkt der Trainer die Einwärtsdrehung und macht zusätzlich einen Schritt auf den Hund zu, bleibt er stehen. Das mag wie Zauberei wirken, ist es aber nicht. Hunde reagieren, wie Pferde auch, stark auf körperliche Signale. Das Eindrehen einer Schulter zum Hund hin verringert die Distanz zwischen ihm und dem Longenführer in der Mitte. Das erhöht den Druck und dem weicht der Hund instinktiv aus, wenn er seinen Zweibeiner als Chef anerkennt. Kommt der Druck von hinten, weicht der Hund nach vorn aus. Kommt er von vorn, bleibt er stehen. Ganz wichtig: Sobald die gewünschte Reaktion erfolgt ist, sofort wieder zur Normalposition zurückkehren und den Hund loben. Diese Belohnung ist eine Voraussetzung für den dauerhaften Lernerfolg. Verharrt der Mensch in einer den Hund einengenden Körperposition, obwohl der schon reagiert hat, bleibt der positive Impuls aus und es kommt entweder zu einem Abbruch oder einer Überspitzung des gezeigten Verhaltens. Beides ist schädlich für den Lernerfolg und sorgt für Frustration. Motivation ist wichtig, um auf Dauer einen freudig mitarbeitenden Hund zu erhalten.

Richtungswechsel

Das Spiel mit den Schultern lässt sich übrigens noch weiter treiben. Sie ermöglichen sogar einen Richtungswechsel des Hundes beim Longieren. Und das funktioniert so: Der Hund bewegt sich auf der rechten Hand. Sein rechtes Vorderbein zeigt folglich zur Mitte des Kreises. Die Schultern des Hundeführers sind parallel zum Hund ausgerichtet. Um nun einen Richtungswechsel einzuleiten, begibt sich der Ausbilder mit seiner linken Schulter in Bewegungsrichtung leicht vor den Hund und stellt sich vor, diese Schulter und die Nase des Hundes seien mit einem unsichtbaren Gummiband verbunden. Sobald der Hund seinen Kopf zur Mitte hin wendet, bewegt der Trainer seine linke Schulter zurück. Der Hund folgt dieser Bewegung mit dem Kopf und gelangt mit der vorderen Körperhälfte ins Innere des Kreises. Nun setzt der Longenführer seine rechte Schulter als optischen Reiz hinter dem Hund ein, um ihn wieder vorwärtszutreiben. Was anfangs noch von Leinenimpulsen, dem Umgreifen der Leine und Lockmitteln wie Leckerchen oder Spielzeug begleitet wird, funktioniert mit einiger Übung auch ohne all das. Auf andere wirkt das gezielte Umlenken des Hundes wie Zauberei. Die Körpersignale sind bei Könnern auf ein fast unmerkliches Minimum reduziert. Wichtig: regelmäßig Richtungswechsel zu beiden Seiten hin üben.

Hier zeigt Ramona die erste Hälfte des Richtungswechsels. Um ihn erfolgreich aufzubauen, bedarf es vieler kleiner Schritte und ein wenig Geduld.

Sinn und Zweck

Wo der Sinn und Zweck solcher Übungen liegt? Zum einen ermöglichen sie auch weniger aktiven oder gesundheitlich beeinträchtigten Hundehaltern, ihr Tier geistig zu fordern und körperlich auszulasten. Zum anderen liegt der Nutzen jedoch vor allem darin, dass der Hund lernt, immer zuverlässiger auf die Körpersprache seines Menschen zu achten und dementsprechend zu reagieren, auch auf Distanz. Das hilft im Alltag gleichermaßen wie bei sportlichen Aktivitäten mit dem Hund. Sei es auf dem Agility-Platz, wo ein spontanes Zeichen des Hundeführers bei der Bewältigung eines kniffligen Parcours wertvolle Punkte sichern kann, sei es beim Dog Dance, wo ein harmonisches Zusammenspiel von Hund und Mensch gefragt ist, sei es beim Trick Dogging, der Jagdhunde-Prüfung, der Ausbildung von Rettungs- oder Assistenzhunden.

Der korrekte Einsatz der Schulter hilft, die Bindung zwischen Mensch und Hund zu intensivieren.

Sicherheit und Unsicherheit

Damit nicht genug. Mittels der Schultern manifestiert sich auch der Unterschied zwischen entschlossenen, siegessicheren Persönlichkeiten und unsicheren, selbstzweiflerischen Zeitgenossen. Leicht zurückgenommene Schultern gehen in der Regel mit einem aufgerichteten Oberkörper und erhobenem Kopf einher. Jemand, der so auftritt, hat klare Ziele und ist bereit, sie auch durchzusetzen. Wie anders wirken dagegen nach vorn hin absinkende Schultern, die oft mit einem nach vorn geneigten Rücken einhergehen. Sie vermitteln Unsicherheit, ein schlechtes Selbstbewusstsein und mangelnde Entscheidungsfreude. Die meisten Hunde schließen sich aber am liebsten einem selbstbewusst auftretenden Trainer an. Und damit ist eine klare Körpersprache, die der Umwelt eindeutige Botschaften vermittelt, gemeint.

Ein ausgestreckter Arm mit zum Hund gedrehter Handinnenfläche bedeutet: Stopp! Bis hierhin und nicht weiter. Ramona setzt zusätzlich das rechte Bein ein, um den verbotenen Bereich zu blockieren.

Arme und Hände

Auch die Arme mitsamt Händen gehören zum Oberkörper und sind aus der Kommunikation mit dem Hund kaum wegzudenken. Sie unterstreichen die eigene Persönlichkeit, aktuelle Stimmungen, geben einladende, auffordernde, abweisende, beschwichtigende oder auch drohende Signale. Arme und Hände sprechen übrigens immer dann eine besonders glaubwürdige Sprache, wenn sie ganz unbewusst zum Einsatz kommen und das Gesagte mit Gesten unterstreichen. Was beim Umgang mit anderen Menschen sympathisch und seriös wirkt, ist beim Umgang mit dem Hund nicht unbedingt von Vorteil. Hier punktet man nicht, weil man seinen Emotionen freien Lauf lässt. Hier ist vielmehr ein gut durchdachter, zielgerichteter und konsequenter Einsatz von Armen und

Händen gefragt. Konsequent bedeutet in diesem Fall vor allem: immer bei dem einmal gewählten Signal zu bleiben. Wenn eine zum Boden weisende Handfläche das Hörzeichen „Platz" unterstreichen soll, dann darf beim nächsten Mal keine zum Himmel weisende Handfläche ihren Platz einnehmen. Und wenn die Signalwirkung der eigenen Arme und Hände nicht ausreicht, um dem Hund alles verständlich mitzuteilen, dann ist es durchaus denkbar, künstliche Verstärker einzusetzen. Hier lohnt es sich, wieder einmal bei den Reitern über den Zaun zu schauen. Eine Reitgerte kann eine hervorragende Verlängerung des eigenen Armes sein. Nicht, um den Hund damit zu züchtigen, sondern um die Signalwirkung des eigenen Körpers deutlicher und weitreichender zu machen.

Sichtzeichen

Doch zurück zu den Signalen, die Arme und Hände ohne Unterstützung meistern. Der Klassiker ist der erhobene Zeigefinger, der in Verbindung mit einem leicht gewinkelten Oberarm und aufrecht zeigendem Unterarm das Hörzeichen „Sitz" begleitet. Senkt sich der Unterarm leicht ab und der erhobene Zeigefinger weicht einer ausgestreckten, parallel zum Boden weisenden Handfläche, ertönt gleichzeitig das „Platz"-Signal. Der Hund soll sich hinlegen. Die Signale „Sitz" und „Platz" lassen sich mit dem Signal „Bleib" verknüpfen. Dazu folgt beim „Sitz" auf den erhobenen Zeigefinger eine senkrecht nach oben weisende Handfläche und das Hörzeichen „Bleib". Bei „Platz" dreht sich die zuvor nach unten weisende Handfläche ebenfalls in eine aufrechte Position – begleitet vom Hörzeichen „Bleib".

Da Hunde manchmal auch auf Kommando hin stehen bleiben sollen, bietet sich hierfür ebenfalls ein Handzeichen an. Zum Beispiel eine nach vorn zeigende, seitlich abgekippte Handfläche. Dieses Signal ist am einfachsten zu geben, wenn die Handfläche und Unterarminnenseite zur Körperseite hin zeigen. Die Drehung nach außen wäre für den Hund als „Steh"-Signal durchaus erlernbar, sie ist für den Hundeführer aber anstrengender auszuführen.,

Tipp für Anfänger

Achten Sie darauf, einmal eingeführte Handzeichen zukünftig immer in dieser Situation einzusetzen. Achten Sie auf die präzise Ausführung der Handzeichen.

Nähe und Distanz

All diese Handzeichen funktionieren aus der Nähe und auch auf Entfernung. Ein erfolgreiches Distanztraining setzt allerdings ein ausgiebiges Training aus nächster Nähe voraus. Also erst mit wenig Abstand zum Hund üben. Dann die Distanz nach und nach erhöhen. Hierbei ist übrigens der Einsatz eines Hilfsmittels hilfreich: Ein Clicker ermöglicht, den Hund bei erwünschter Reaktion auch auf Distanz hin sofort zu bestätigen. Mit einem Leckerchen ist das nur möglich, wenn sich der Hund in Reichweite befindet. Ein Clicker ist ein kleines Objekt, das ein knackendes Geräusch von sich gibt, wenn man ihn drückt. Der Klick erfolgt, sobald der Hund etwas richtig gemacht hat, direkt danach gibt es ein Leckerchen. Hunde erlernen diesen Zusammenhang schnell und wissen deshalb auch beim Distanztraining genau, dass ein Klick ein Leckerchen verheißt.

● **Wie wirkt es auf den Hund?**
Mit den Armen und Händen lässt sich eine Vielzahl individueller Signale einstudieren. Doch wie steht es um das Empfinden des Hundes, wenn Arme ins Spiel kommen? Was wertet er als freundliche Geste, was als Bedrohung? Versteht er den ausgestreckten Arm instinktiv als freundliche Geste mit sozialer Begrüßungskomponente oder fühlt er sich davon sogar bedroht? Das hängt ganz von der Situation und von der Art der Annäherung des Armes ab. Schnellt ein ausgestreckter Arm mit nach unten gedrehter Handfläche von oben herab auf einen Hund zu, wirkt das auf ihn bedrohlich. Manche Hunde schrecken davor regelrecht zurück, andere reagieren wütend.

Der Setter-Welpe pfötelt zur Beschwichtigung.

Tipp für Anfänger

Wenn es in bestimmten Situationen immer wieder zu Missverständnissen zwischen Ihnen und Ihrem Hund kommt, sollten Sie Ihre Körpersprache von einer weiteren Person beobachten lassen. Sprechen Sie mit dem Beobachter über die Wirkung Ihrer Körpersprache.

Pfotensprache

Ganz anders ist die Wirkung, wenn sich die Hand des Menschen mit nach oben gewandter Handfläche von unten oder seitlich nähert. Das wirkt weitaus weniger bedrohlich. Unter Hunden gibt es eine ähnliche Verhaltensweise: das Pföteln. Dabei hebt der Hund eine Vorderpfote an und bewegt sie in Richtung des überlegenen Artgenossen. Hierbei handelt es sich um eine Beschwichtigungsgeste. Pföteln kommt aber auch beim Spielverhalten von Hunden untereinander vor. Dem Menschen gegenüber zeigen es Hunde beim Betteln, was folglich für ein Demutssignal spricht: „Bitte gib mir etwas. Ich bin auf dich angewiesen." Im Spiel mit dem Menschen ist Pföteln auch zu sehen. Hier ist es jedoch ein stark aufforderndes Signal, das aufkeimende Dominanz – gepaart mit Freundlichkeit – vermuten lässt. Das wiederholte Heben und Senken der Pfote ist eine angeborene Verhaltensweise des Hundes, die vermutlich auf den Milchtritt des Welpen zurückgeht. Pföteln hat somit eine hohe soziale

Der Islandhund steht über dem Terrier und legt die Pfote auf. Hier ist es eine ranganmaßende Geste.

Komponente. Das stoßartige Vorschieben einer Pfote oder das seitliche Auflegen der Pfote auf den Rücken des Artgenossen – oft eine Vorstufe des Aufreitens – ist hingegen eine ranganmaßende Geste. Um Pföteln richtig zu deuten, bedarf es folglich immer einer genauen Beobachtung der Gesamtsituation. Wer sich nur auf Einzelsignale fokussiert, gerät schnell auf die falsche Fährte.

Richtungsweisend –
DIE BEINE

Hundebeine sprechen eine deutliche Sprache. Sie können lässigen Gleichmut ausstrahlen, ganz gehörig imponieren oder auch Demut ausdrücken. Umso bewusster sollten wir mit unseren Beinen umgehen und Missverständnisse bei der täglichen Kommunikation mit dem Vierbeiner vermeiden. Der Hund soll lernen, dass die Beine seines Trainers zwar auch Selbstbewusstsein, Freundlichkeit oder Verspieltheit ausdrücken, aber vor allem richtungsweisende Impulse geben. Welche Botschaft letztendlich beim Hund ankommt, hängt von der Winkelung der Knie, der Position der Füße und dem Bewegungsrhythmus der Beine ab. Verblüffend, wie sehr sich die wortlose Kommunikation zwischen Hund und Halter verbessert, wenn die Beine nicht mehr zufällig, sondern bewusster agieren.

Die Beine

Ohne Beine könnten wir weder stehen noch laufen oder springen. Und auch die Kommunikation mit dem Hund wäre ohne Beine nicht dieselbe. Zwar lernen Assistenzhunde auch, sich an den Körpersignalen eines im Rollstuhl sitzenden Menschen zu orientieren, aber die Möglichkeiten der Kommunikation sind eingeschränkt. Neue Signale müssen das übernehmen, was eigentlich die Beine vermitteln würden. Doch was vermitteln sie? Und warum interessiert es Hunde überhaupt, was Menschen mit ihren Beinen machen? Für den Hund sind sie Richtungsweiser und Tempobestimmer!

Durchgedrückt oder gewinkelt?

Ihr Interesse daran und ihre Fähigkeit, die Sprache der Beine zu deuten, wurzeln im natürlichen Verhalten der Hunde. Immerhin ist die aktuelle Beinstellung eines Hundes ein klarer Spiegel seines momentanen emotionalen Zustands. Fühlt sich der Hund wohl, sind seine Beine in den Gelenken leicht gewinkelt. Er wirkt entspannt. Meistens belastet er alle vier Beine gleichmäßig.

Wie stark die Winkelung der Gelenke ist, hängt auch von der Rasse ab. Hier gibt es anatomisch bedingte Unterschiede. Verunsicherte Hunde zeigen ihr mangelndes Selbstbewusstsein in einer bestimmten Situation durch eine verstärkte Winkelung der Gliedmaßen an. Das kann eine leichte Winkelung sein oder eine so starke, dass der Hund eine geduckte Haltung annimmt.

Malinois-Hündin „Deluxe" duckt sich und winkelt dabei vermehrt die Gelenke der Hinterbeine an.

Durchgedrückte Gelenke

Das Gegenteil ist der Fall, wenn der Hund einem Artgenossen signalisieren möchte, dass er ein ganz toller „Hecht" ist. Dann drückt er die Gelenke so weit wie möglich durch, um noch größer zu wirken. Der dadurch entstehende steife Gang, soll den anderen Vierbeiner beeindrucken. Diese typische Beinhaltung ist häufig zu sehen, wenn zwei Rüden aufeinandertreffen. Erst mal geht es dabei tatsächlich nur darum, dem anderen zu imponieren. Daraus kann sich aber durchaus gezieltes Drohen oder sogar eine Attacke ergeben. Auch das Scharren mit den Beinen gehört zum Imponierverhalten.

Wie auf vier gemauerten Säulen steht der selbstbewusste Pudel und Junghündin „Deluxe" ergreift lieber gleich die Flucht.

Scharren

Manchmal scharren nur die Hinterbeine, manchmal wechseln sie sich mit den Vorderbeinen ab. Beides tritt meistens nach dem Verrichten des großen oder kleinen Geschäftes auf und spricht für einen selbstbewussten Hund, der sein Territorium abstecken will. Beim Angriffsdrohen sind die Gelenke wiederum maximal durchgedrückt. Der Hund läuft nicht mehr, er stelzt vielmehr herum. Es gibt auch die Situation, bei denen die Beine des Hundes mehr oder weniger in die Luft ragen. Dann, wenn sich der Hund seitlich abrollt und auf den Rücken dreht, um einem überlegenen Artgenossen zu zeigen, dass er dessen Überlegenheit keinesfalls infrage stellt. Daran sollte man zum Beispiel denken, bevor man beim Spiel mit dem Hund über den Boden rollt.

Tipp für Kids

Wenn dir ein Hund die Pfote entgegenstreckt, ist das meistens freundlich gemeint. Er möchte dich begrüßen.

Scharren ist oft Ausdruck eines ausgeprägten Territorialverhaltens.

Parallelen zwischen Mensch und Hund

Doch lässt sich die Beinhaltung des Menschen wirklich eins zu eins übertragen? Zumindest gibt es unübersehbar viele Parallelen. Ein entspannter, selbstbewusster Mensch steht aufrecht, aber mit leicht gewinkelten Kniegelenken. Das macht locker und wirkt souverän. Je höher die Anspannung ist, desto stärker werden die Kniegelenke unbewusst durchgedrückt. Der Gang wirkt angespannt. Menschen, die andere beeindrucken, ja einschüchtern wollen, stolzieren regelrecht auf und ab. Ähnlich wie ein steifbeinig dahinstaksender Hund, der imponieren möchte. Ganz anders stehen und gehen Menschen, deren Selbstbewusstsein eher schwach entwickelt ist. Sie ziehen nicht nur den Kopf ein und krümmen den Rücken. Sie winkeln die Kniegelenke auch stärker an, um kleiner zu wirken. Wer klein ist, wird vielleicht übersehen oder verschont.

Ob jemand selbstbewusst, unsicher oder sogar ängstlich ist, erkennt man schon auf große Distanz am Gang. Siegertypen laufen aufrecht, mit zielgerichtetem Schritt und setzen die Füße akzentuiert auf den Boden. Ihre Schritte klingen entschlossen und gleichmäßig. Unsichere Menschen treten eher leise auf. Ihre Schritte sind unregelmäßig, wirken unstet und unentschlossen. Eigentlich wollen sie gar nicht vorwärts gehen, sondern würden viel lieber kehrtmachen und das Weite suchen. Ein geschulter Beobachter sieht das sofort.

Tipp für Kids

Hebe niemals dein Bein gegen einen Hund und trete auch nie nach ihm. Er fühlt sich dann bedroht.

Das Tempo

Hunde achten übrigens nicht nur auf den Schrittrhythmus und die damit verbundene Körperhaltung. Sie beobachten auch genau, ob jemand schlendert, in normalem Tempo läuft, hastet oder sogar eilt. So provoziert eine Person, die vor einem drohenden Hund ängstlich wegläuft, eine Verfolgung mitsamt Angriff. Jemand, der ruhig und souverän stehen bleibt, ohne den drohenden Hund dabei zu provozieren, wirkt in den meisten Fällen entspannend auf die Situation ein.

Tipp für Anfänger

Laufen Sie nie vor einem Hund weg. Auch, wenn Sie sich von ihm bedroht fühlen. Fliehende Beine lösen bei den meisten Hunden sofort eine Verfolgungsjagd aus.

Was sich bewegt, wird verfolgt. Solange das Ganze spielerisch erfolgt und jederzeit abgebrochen werden kann, ist alles in Ordnung.

Sicherer Stand

Wie kann man sich all das beim Training und beim täglichen Dialog mit dem Hund zunutze machen? In vielerlei Weise. Angefangen mit der Erteilung klarer Hörzeichen, kombiniert mit einer selbstbewussten Beinstellung. Wer Signale erteilt, sollte dabei auch eine souveräne Körpersprache haben. Lautes Brüllen, kombiniert mit einem in sich zusammensackenden Oberkörper und stark gewinkelten Kniegelenken wirkt unsouverän. Wie überzeugend klingt dagegen eine ruhige, aber bestimmte Stimme, deren Klang ein entspannt aufgerichteter Körper unterstreicht. Womit wir beim Thema Schuhwerk wären. Ein gute Bodenhaftung, sicheres Stehen, wirkt sich positiv auf die gesamte Körperhaltung aus. Und das gelingt am besten mit flachen, bequemen Schuhen, die fest am Fuß sitzen. Modische High Heels mögen zwar beim Gala-Abend für Furore sorgen, beim Training mit dem Hund sind sie jedoch eher hinderlich und verfälschen eine klare Körpersprache. Komfortable Turnschuhe oder Stiefeletten eignen sich generell sehr gut. Parallel und hüftbreit nebeneinander positioniert, bieten sie eine stabile Basis für eine gezielt eingesetzte Körpersprache. Das gilt auch für die Hose. Sie sollte bequem sein, aber nicht zu weit geschnitten, damit sie beim Training nirgendwo hängen bleibt.

Eng anliegende Kleidung erleichtert dem Hund das Lesen der Körpersprache. Festes Schuhwerk ermöglicht eine stabile Bodenhaftung, die sich auch positiv auf eine präzise Körpersprache auswirkt.

Richtungsweisend

Von der Grundposition aus – hüftbreit, parallel zueinander positionierte Füße, leicht gewinkelte Kniegelenke – lassen sich andere Beinsignale entwickeln. Zum Beispiel der Ausfallschritt nach vorn. Er bringt Schwung in eine statische Situation und gibt die Richtung vor. Das ist hilfreich, wenn man den Hund vorausschicken will oder ihn zum Apport auffordert. Beim Training daran denken, abwechselnd mit dem linken und dem rechten Bein den Ausfallschritt zu üben. Das beugt beim Hundetrainer Verspannungen vor, trainiert seine Muskeln gleichmäßig und schult den Hund, auf beide Beinsignale gleichermaßen zu reagieren.

Ein Ausfallschritt nach vorn ist ein starkes Signal für den Hund. Vor allem dann, wenn er noch durch Arm- und Handhaltung betont wird.

Beide haben das gleiche Ziel vor Augen und gehen entspannt nebeneinander darauf zu.

Voran

Wollen Ausbilder und Hund gemeinsam vorwärtsgehen, sollte das in einem regelmäßigen Bewegungsfluss geschehen. Die Beine sind frontal zum Ziel hin ausgerichtet, nicht etwa leicht seitwärts, weil der Trainer den Hund beobachtet und dabei unbewusst seine Körperhaltung verdreht. Wenn es geradeaus geht, dann ist auch eine exakt geradeaus gerichtete Haltung wichtig.

Kurvenlage

Das ändert sich, sobald eine Kurve ansteht. Zwar lässt sie sich auch mit der Steifheit eines Bügelbretts irgendwie meistern, formschöner gelingt es jedoch, wenn sich der Körper des Trainers den räumlichen Gegebenheiten anpasst. Das bedeutet bei der Rechtskurve: Blick nach rechts, rechte Schulter leicht zurück, linke Schulter etwas vor, Kopf leicht nach rechts drehen, rechten Hüftknochen nach hinten, linken Hüftknochen vor, beide Füße nach rechts ausrichten, so als würden sie den abknickenden Schienen einer Straßenbahn folgen. Warum das Ganze? Weil es dem Hund ermöglicht, sich voll und ganz an der Körpersprache zu orientieren. Oft genug üben, dann verinnerlicht er diese Körpersignale so sehr, dass sie auch auf größere Distanz hin wirken. Zuerst mit Leine trainieren, dann in Freifolge und danach allmählich den Abstand zum Hund erhöhen. So lernt er, sich auf die Körperhaltung des Trainers zu konzentrieren. Alles in allem ist das eine Übung, die das harmonische Zusammenspiel zwischen Mensch und Hund fördert.

Tipp

Fixieren Sie mit Ihren Augen immer den Punkt, den Sie gemeinsam mit Ihrem Hund erreichen wollen. Dann befinden sich Ihre Beine exakt auf der Geraden, die zum Ziel führt.

Gemeinsam mit dem Hund in die Kurve gehen!

Stillgestanden

Konsequent sollten die Beine auch reagieren, wenn es ums Anhalten geht. Stehenbleiben heißt Stehenbleiben und nicht „Halt" sagen und ein, zwei Schritte weiterschlurfen. Wenn der Trainer anhält, unterbricht er den Bewegungsfluss und bringt beide Füße dicht nebeneinander zum Stehen. Die Kniegelenke sind dabei durchgedrückt. Da diese Bewegung für ungeübte Hunde recht abrupt kommt, sie eventuell nicht schnell genug reagieren und sich angewöhnen, zeitlich verzögert stehen zu bleiben, helfen anfangs einige einleitende Tricks. Das kann ein leichtes Zupfen an der Leine sein, bevor der Bewegungsfluss stoppt, die Einführung eines zeitgleich erfolgenden Hörzeichens – zum Beispiel „Halt" – oder auch betont tiefes Einatmen, kombiniert mit einem vermehrten Aufrichten des Oberkörpers. Das Wichtigste ist jedoch, den eigenen Körper exakt zum Stillstand zu bringen. Erneutes Antreten wird von einem leichten Einknicken der Kniegelenke eingeleitet. Jetzt nicht umdrehen und nachsehen, wo der Hund bleibt. Er soll von der Vorwärtsenergie des Hundeführers mitgenommen werden. Diese Energie besteht dabei weniger aus kosmischen Kräften als vielmehr aus vorwärtsweisenden körperlichen Signalen: tiefes Einatmen, das Vornehmen der dem Hund zugewandten Schulter und des dazugehörigen Armes und schließlich der erste Schritt.

Ramona leitet das Rückwärtsgehen mit der linken Hüfte ein. Die Kniegelenke sind leicht gewinkelt. Der Oberkörper ist leicht nach hinten gebeugt.

Nun setzt sie das rechte Bein zurück und unterstützt das Signal mit Schulter, Ellenbogen und der Blickrichtung.

Hohes Bein

Vorsicht bei Übungen, die das Anheben eines Beines erfordern. Das kommt bei Dog Dance, Trick Dogging und auch bei Hunde-Frisbee vor. Mal kriecht der Hund unter dem erhobenen Bein hindurch, mal springt er schwungvoll daüber, mal schnellt die Frisbee-Scheibe unter dem Bein des Werfers hervor. Da das Anheben des Beines viel Unruhe in den Gesamtausdruck der Körpersprache bringt, sollte man es langsam aufbauen. Ansonsten könnte der Hund ver-schreckt oder abwehrend reagieren, weil er sich bedroht fühlt. Erst nur ein Stück weit anheben, dann langsam steigern. Schrittweise Gewöhnung und noch mehr Übung bedarf auch das Auf- und Abhüpfen neben dem Hund. Ebenfalls beliebt bei kreativen Freizeitaktivitäten wie Dog Dance oder Tricks wie dem Seilchenspringen mit Hund. Die meisten Hunde verleitet der ungewohnte Aktionismus ihres Trainers dazu, in ausgelassene Spiellaune zu verfallen.

Volle Kraft zurück

Rückwärtsgehen gehört nicht zu den alltäglichen Ritualen von Hundeführern. Dennoch gibt es welche, die es tun. Freunde des Dog Dances sind geradezu auf diese Fähigkeit angewiesen, wenn sie anspruchsvolle Choreografien zeigen wollen und Trick Dogger sind bei einigen Kunststücken ebenfalls rückwärts unterwegs. Ob der Hund dabei auch den Rückwärtsgang einlegt oder aber vorwärtslaufend seinem rückwärtsschreitenden Menschen folgt, ist für die Beinposition erst mal zweitrangig. Wichtig ist, die Kniegelenke stärker als sonst zu winkeln. Nun darf auch der Oberkörper vorgelehnt werden, wobei die Gesamtausstrahlung spielerisch wirken sollte, keinesfalls bedrohlich. Ansonsten ähnelt alles den Grundregeln des Vorwärtslaufens. Solange es auf einer geraden Linie zurückgeht, sollten auch die Füße wie auf zwei gerade verlaufenden Schienen rückwärts gesetzt werden. Bei Richtungsänderungen kurz vermehrt die Fußballen

belasten und mit den Fersen den Richtungswechsel einleiten. Dabei kurzfristig noch etwas mehr in die Knie gehen, das verleiht mehr Stabilität.

Tricks wollen geübt sein. Dazu muss der Hund lernen, dass das hohe Bein nichts Schlimmes ist.

Barrieren bauen

Die Beine des Trainers sind ein hervorragendes Hilfsmittel, um eine gute Grunderziehung zu etablieren. So wirkt es bekannterweise Wunder, wenn sich der Ausbilder mit einem weit nach vorn gestreckten Bein auf den Boden hockt und seinen Hund mithilfe eines Leckerchens oder eines Spielzeugs von hinten nach vorn unter dem Bein durchlockt.

Der Hund gelangt nun ganz automatisch in eine fast liegende Position. Das ist der beste Zeitpunkt, um das Hörzeichen „Platz" einzuführen. Hunde lernen blitzschnell die Verknüpfung von Hörzeichen und Leckerchen. Mit der Zeit klappt das Ganze dann auch ohne Beingrätsche. Auch beim ersten „Sitz" können Beinbarrieren unterstützend wirken.

Ramona begrenzt den Junghund seitlich mit den Beinen und lockt ihn so in ein stabiles „Sitz".

Beim Agility wird das nächste Hindernis durch Körpersprache angezeigt.

Tipp Auf der Stelle laufen, dabei einen Ball in die Luft werfen und wieder auffangen. Das schult Ausdauer und Koordinationsvermögen, außerdem lernen Sie, Arme und Beine unabhängig voneinander zu trainieren.

Agility – Körpersprache in flottem Tempo

Die hohe Kunst des Zusammenspiels von Beinen und anderen Körpersignalen ist übrigens bei hochkarätigen Agility-Sportlern zu sehen. Laufen und sogar Rennen sind üblich im Hindernis-Parcours, schließlich gilt es, eine gute Zeit hinzulegen. Doch während des Spurts muss der Hund noch dirigiert werden.

Und das gelingt nur, wenn der Agility-Sportler unabhängige Zeichen mit Kopf, Schultern, Armen und Händen geben kann, obwohl er gerade in einem Mordstempo dahinspurtet. Zudem muss er schnell die Position ändern können. Bis das gelingt, sind viele Übungsstunden einzuplanen.

Kombinierte
KÖRPERSPRACHE

Der Kopf, der Oberkörper, die Beine – alles trägt zur Körpersprache bei. Da man das eine aber nicht vom anderen trennen kann, ergibt sich die Gesamtbotschaft des Körpers immer aus mehreren Signalen gleichzeitig. Das ist eine klare Sache für den Hund, wenn alle Körperteile des Trainers eine Sprache sprechen. Sagt der Kopf jedoch „Ja", während die Arme „Nein" und die Beine ein „Vielleicht" vermitteln, macht sich Ratlosigkeit breit. Die missverständliche Körpersprache wiederholt sich und die Orientierungslosigkeit des Hundes nimmt zu. Um diese Verkettung der Missverständnisse zu unterbrechen, bedarf es einer genauen Analyse der eigenen Körpersprache und im nächsten Schritt eines disziplinierten Trainings, bei dem man sich selbst kritisch beobachtet. Denn eine in sich schlüssige Körpersprache ist das A und O des harmonischen Miteinanders zwischen Hund und Mensch.

Anschluss gewünscht

Wenn man einen Hund an der Leine führt, dann soll er folgen, nicht zurückbleiben oder unkontrolliert voranstürmen. Was für geübte Vierbeiner eine leichte Übung ist, sorgt bei jungen oder noch nicht leinenführigen Hunden für Verwirrung. Und das liegt meist nicht am widersetzlichen Wesen des Hundes, sondern vielmehr an der missverständlichen Körpersprache des Hundehalters. Viele drehen sich um, ziehen an der Leine und fordern mit ernster Stimme:

„Jetzt komm!" Aus Hundesicht baut sich vor ihnen eine Wand auf, die laut ist, ihn anstarrt und am Halsband zieht. Wieso sollte er in dieser Situation auch nur die geringste Motivation verspüren, einen Schritt nach vorn zu machen? Kein Wunder, wenn er nach hinten drängt, um der Zwickmühle zu entgehen. Nimmt der Hundehalter dagegen eine einladende Körperhaltung ein, fällt es leichter, sich ihm anzuschließen. Doch wie sieht diese einladende Körperhaltung aus?

Eine einladende Körperhaltung motiviert den Hund, zu folgen.

Anfangs hilft es, an einer räumlichen Begrenzung entlangzulaufen.

Einladend voranschreiten

Regel Nummer eins: Wenn es vorwärtsgehen soll, dann richtet der Hundehalter seine Körperhaltung in diese Richtung aus. Nicht seitlich oder sogar dem Hund zugewandt, also entgegen der Laufrichtung. Zwar ist es erlaubt und sinnvoll, den Kopf leicht nach hinten zu drehen, um die Aufmerksamkeit des Hundes durch Blickkontakt und Stimme zu gewinnen, aber die Beine marschieren dabei unbeirrt weiter in der gewünschten Bewegungsrichtung. Die Schulter, über die der Blick erfolgt, sollte sich zum Hund hin öffnen. Bleibt sie in Normalposition, während sich der Kopf dreht, blockiert sie den Hund und sie macht es dem Trainer schwerer, den Kopf zu wenden. Die Hüften auf einer Höhe zu halten, obwohl sich der Schultergürtel bewegt, bedarf etwas Übung. Auch das Geradeauslaufen mit seitlich nach hinten gedrehtem Kopf führt manchmal zu einem ungewollten Slalomlauf. Am besten erst mal ohne Hund üben, die gerade Linie zu halten. Anfangs hilft es, an einer klar definierten Linie entlangzulaufen, zum Beispiel am Rand eines asphaltierten Gehweges, der an eine Rasenfläche angrenzt.

Ramona hebt die linke Hand leicht an und fordert den Golden Retriever dadurch auf, ihr zu folgen.

Die richtige Leinenhaltung

Die Hand, in der die Leine liegt, wird bei der Aufforderung, sich anzuschließen, etwas höher genommen. Oberarm und Unterarm bilden dabei höchstens einen Winkel von 45 Grad, wobei stets auf eine leicht durchhängende Leine zu achten ist. Der Hund soll sich aufgrund der Körpersprache aus eigenen Stücken anschließen und nicht mithilfe der Leine hinterhergezerrt werden.

● **Arm absenken**

Der Arm verweilt jedoch nicht in der gewinkelten Position, sondern senkt sich wieder auf eine lockere Normalposition ab, sobald der Hund auch nur ansatzweise folgt. Die Handfläche ist dabei nach innen, zum Hundeführer hin gedreht, was eine einladende Geste ist. Ist die Botschaft unklar, kann der Trainer auch das dem Hund zugewandte Bein leicht zur Seite hin öffnen, parallel zur darü-berliegenden, einladenden Schulter. Eine weitere Motivationsmöglichkeit ist, eine Hand auffordernd auf den Oberschenkel zu legen. Wird der Hund links geführt, übernimmt kurz die rechte Hand die Leine, die nun vor dem Körper des Hundetrainers herführt, während die linke Hand seitlich im oberen Bereich des Oberschenkels ruht. Die rechte Hand bewegt die Leine gleichzeitig leicht nach oben, bis ein circa 45 Grad betragender Winkel zwischen Ober- und Unterarm entsteht. Die Leine darf dabei leicht anstehen, jedoch nicht auf Zug sein.

● **Hand am Oberschenkel**

Folgt der Hund, umfasst nun auch die linke Hand wieder die Leine. Die rechte Hand hält weiterhin die Leinenschlaufe, damit sich die linke Hand nochmals ohne zeitliche Verzögerung lösen und auffordernd auf den Ober-

Nun klopft Ramona
auffordernd mit der
flachen Handfläche
gegen die äußere Seite
ihres Oberschenkels,
was die Motivation des
Hundes steigert.

Nun kommt der Hund
freudig angelaufen und
schließt auf Höhe des
Hundetrainers auf.

schenkel legen kann. Sobald der Hund bei
durchhängender Leine nah am Bein des Hundeführers läuft, baut dieser die Leinenhilfe
ab, lässt die am Oberschenkel ruhende Hand
aber als Orientierungshilfe bestehen.

Elastisch und entspannt

Die Anschlussbereitschaft lässt sich trainieren, indem sich der Hundehalter dem Hund zuwendet. Hierbei sollte eine weiche, defensive Körpersprache die freundliche Einladung unterstreichen. Die Knie des Hundetrainers sind deutlich gewinkelt. Der Oberkörper ist mit geringer Muskelanspannung nach vorn gebeugt, was ihm seinen bedrohlichen Ausdruck nimmt. Dazu trägt auch ein weicher Bauch bei. Also die Bauchmuskulatur bei jedem Ausatmen entspannen. Der Körper des Hundetrainers macht insgesamt einen weichen, entspannten, ja elastischen Eindruck. Das ist sehr wichtig, weil jede Spur der Anspannung in dieser frontalen Position allzu schnell bedrohlich wirkt. Das Zuwen-

Wenig Muskelspannung wirkt einladend.

den zum Hund gehört dennoch zum Training, weil es die Möglichkeit bietet, einen gezielten Blickkontakt zum Hund aufzubauen.

Feinere Signale

Sobald auch diese Übung gut funktioniert, richtet der Ausbilder seinen Oberkörper zunehmend auf. Um den guten Ansatz beizubehalten, setzt er jedoch noch eine Hand ein, die den nun vermehrt nach oben weisenden Blick des Hundes weiter in diese Richtung lenkt. Insgesamt handelt es sich hierbei um eine Reduzierung der Körpersignale, damit die Kommunikation später auch mit kleinen feinen Signalen funktioniert.

Schrittweise richtet Ramona ihren Oberkörper auf, um die Hilfengebung zu vereinfachen.

Unklare Körpersprache

Fehlen die Grundlagen, geht der Hund gar nicht oder nur manchmal auf die Körpersignale des Hundeführers ein. Beim Führen an der Leine fehlt die Kommunikation zwischen Mensch und Hund. Das resultiert in Überholversuchen, die zum Einsatz der Leine reizen. Hier fehlt die Bereitschaft, sich dem Menschen anzuschließen. Der Hund wirkt unaufmerksam. Die Ursache dieser Probleme liegt dabei weniger im Hund begründet, als an der unzureichenden Körpersprache des Hundeführers. Die Einladung, sich anzuschließen, wird nicht deutlich genug gezeigt. Es fehlt an positiven Hilfestellungen.

Dieser Hund interessiert sich für alles andere.

Ich bin ganz bei dir!

Die frontale Kommunikation ist auch die Basis der folgenden Übung. Der Hund lernt, ein Angebot zu machen. Er soll dem Hundeführer zeigen, dass er aufnahmebereit ist. Dafür muss ihn der Trainer mit der Körpersprache so positiv einladen wie möglich. Als Ausgangsposition bietet sich das „Sitz" an. Der Hund sitzt in direkter Nähe vor dem Hundeführer. Da er vielleicht noch zu unsicher ist, um eine große Nähe zum Menschen zu suchen, erleichtert ihm der Trainer diesen Schritt, indem er mit seinem Bauch leicht nach vorn einknickt und ein Bein nach vorn setzt. So bekommt der Hund Körperkontakt, ohne den Menschen zu bedrängen. Das Ziel ist dann erreicht, wenn der Hund sein Wohlbefinden darin findet, seinen Kopf bei seinem Menschen in den Schoß zu legen.

Das Wedeln ist ein Angebot zur Mitarbeit.

Unsichere Hunde

Es gibt allerdings auch Hunde, die sich mit diesem Schritt schwertun. Ihnen macht man ein Angebot, indem der Oberkörper – bei weichem Bauch und wenig Muskelspannung – mithilfe einer freundschaftlich unter das Kinn geschobenen Hand zur Mitarbeit motiviert wird. Im nächsten Schritt wird die Hand auf Gürtelhöhe angehoben. Folgt der Hund mit seinem Blick und wedelt womöglich noch freudig mit der Rute, ist das als aktives Kooperationsangebot von seiner Seite zu werten.

Sehr unsichere Hunde

Bei sehr unsicheren Hunden ist manchmal ein deutlicheres Körpersignal erforderlich. Bei ihnen hilft es, sich bei der Rückwärtsbewegung betont klein zu machen, um den einladenden Effekt zu verstärken. Folgt der Hund dem Angebot, kann sich der Trainer aufrichten und die Körpersignale reduzieren. Manchmal verfällt der Hund kurz darauf wieder in einen Moment der Unsicherheit. In dieser Situation verstärkt der Hundetrainer sofort wieder die Hilfen. Er winkelt die Kniegelenke stärker, beugt dezent den

Oberkörper vor, ohne die Bauchmuskeln anzuspannen und bestärkt den Hund, indem er ihn beidseits des Halses mit den Händen berührt. Dies ist ein Moment der innigen Verbindung, der das Vertrauen zwischen Hund und Halter stärkt. Zur Bestätigung des gewünschten Verhaltens richtet sich der Trainer wieder auf, belässt ein Bein in vorgestreckter Stellung, um den Körperkontakt zu erleichtern, nimmt Blickkontakt auf und streichelt den Hund mit beiden Händen seitlich des Kopfes.

Vertrauen gewinnen

Bei Welpen, Junghunden und anderen unerfahrenen oder sensiblen Hunden ist es sinnvoll, sich vor Beginn des Trainings auf die Ebene des Hundes zu begeben, damit er mehr Vertrauen gewinnt. Dazu hockt sich der Hundetrainer hin, neigt den Kopf vorwärtsseitwärts und schaut den Hund freundlich an, blinzelt dabei und starrt ihn nicht an. Die Hände streicheln den Hund an Kopf und Körperseite. Beginnt der Hund nun von selbst, den Körperkontakt zu intensivieren, indem er sich auf ein Bein des Trainers setzt oder auch noch seinen Kopf zum Mund des Ausbilders hin bewegt, dann sucht er aktiv Körperkontakt und empfindet die Nähe zum Menschen als Belohnung.

> **Tipp**
> Stellen Sie sich bildlich vor, wie der Hund sich voller Freude an Sie schmiegt. Das erleichtert Ihnen, die richtige Körpersprache zu finden.

Auf eine Ebene gehen und Vertrauen aufbauen!

Dieser Hund fühlt sich bei Ramona geborgen.

Eine Hand ruht auf Gürtelhöhe, die andere hält die Leine und gibt die Richtung vor. Ramonas Blick vermittelt Freundlichkeit. Beste Voraussetzungen, um eine solide Vertrauensbasis zum Hund aufzubauen.

Anlehnung schenken

Fällt es dem Hund schwer, das erforderliche Vertrauen aufzubauen, kann ihm der Trainer helfen, indem er mit der Leine die Richtung der gewünschten Anlehnung vorgibt. Dabei steht der Ausbilder aufrecht, beugt mit wenig Muskelanspannung den Oberkörper vor und legt eine Hand einladend auf seinen Bauch, etwa auf Gürtelhöhe. Die andere Hand hält die Leine und bewegt sie – ohne Zug aufzubauen – ein Stück weit nach hinten, am Körper vorbei. Der Kopf des Hundeführers ist nach vorn geneigt, seine Augen suchen freundlich blinzelnd Blickkontakt zum Hund. Die Mundwinkel zeigen nach oben. Möglichst herzlich lächeln, das stärkt das Vertrauen. Ein Bein bleibt etwas weiter vorn positioniert als das andere, um dem Hund die Kontaktaufnahme zu erleichtern.

Räume begrenzen

Die Gesprächs- und Kooperationsbereitschaft zu fördern ist eine der wichtigen
Grundübungen, bei denen die Körpersprache
eine zentrale Rolle spielt. Das Stoppen des
Hundes aus der Bewegung ist eine weitere.
Hierbei setzt der Trainer seine Hand und
auch den ganzen Körper ein. Der Hund erlebt
nun vielleicht erstmals eine gezielte Raumbegrenzung. Je deutlicher die Signale sind,
desto besser lernt er, darauf wie gewünscht
zu reagieren. Im Gegensatz zur einladenden
Körpersprache, die mit minimal angespannter Muskulatur für einen weichen Eindruck
sorgte, sind die Muskeln nun deutlich angespannter. Der Oberkörper des Trainers ist
fast senkrecht aufgerichtet, der Kopf weniger stark nach unten geneigt als zuvor. Der
Blick des Trainers vermittelt Konsequenz.
Markant ist seine Handhaltung: Die Handfläche ist geöffnet und wird zum Hund hin
gedreht. Der Unterarm ist leicht nach vorn
gewinkelt, der Oberarm bleibt dicht am Körper. Der andere Arm befindet sich ein Stück
weit hinter dem Körper, parallel zum nach
hinten versetzten, im Kniegelenk leicht ange-
winkelten gleichseitigen Bein. Die eine Körperseite des Trainers wirkt
somit offen. Die andere,
die in Bewegungsrich-
tung weist, jedoch
den Weg versperren
soll, signalisiert eine
Blockade. Das lässt
sich erst im Sitzen
üben, später auch
aus der Bewegung
heraus.

Raumkontrolle durch
gezielten Körpereinsatz.
Das ist die Vorausset-
zung, um einen Hund
jederzeit auch aus
der Bewegung heraus
stoppen zu können.

Tipp für Kids

Ver-
suche, deine
Freunde aus dem
Laufen heraus anzuhal-
ten, ohne sie direkt zu berühren. Setze dabei deine
Arme, deine Hände und
den Oberkörper ein.

Ramona begrenzt den Vorwärtsdrang des Hundes mit einer zu ihm weisenden Handfläche, einer nach innen weisenden Schulter und direktem Blickkontakt.

Optische Barriere

Befindet sich der Hund in Bewegung, bildet der Trainer mithilfe des Körpers eine optische Barriere, die sowohl nach hinten als auch nach vorn hin funktioniert. Vorn signalisiert die ausgestreckte Handfläche, dass es hier nicht weitergeht. Das vermittelt auch die gleichseitige Schulter des Trainers, die sich vorwärts-abwärts auf den Hund zubewegt. Hinzu kommt eine leichte Seitwärtsdrehung des Oberkörpers, die ebenfalls eine raumbegrenzende Wirkung hat. Das Praktische an dieser Grundübung: Sie hilft räumliche Grenzen zu akzeptieren und ist gleichzeitig eine gute Basis für das Hörzeichen

Tipp für Kids

Halte deine Hand mal mit fest aneinanderliegenden Fingern aufrecht vor dein Gesicht und dann spreize die Finger. Merkst du, dass sie mit gespreizten Fingern viel mehr Raum einnimmt? Diesen Unterschied spürt auch dein Hund.

„Platz". Der Ausbilder muss hierfür nur leichte Abwandlungen seiner Körpersprache vornehmen. Sein zum Kopf des Hundes zeigendes Bein ist nun etwas weiter vorgesetzt, um den Raum stärker zu begrenzen. Das ist wichtig, weil das blockierende Handsignal nun abgeschwächt wirkt. Die Handfläche

bleibt geöffnet, dreht sich jedoch nach unten, möglichst parallel zum Boden, auf den sich der Hund nun legen soll. Vorher befand sie sich aufrecht vor dem Hund und begrenzte den Raum deutlich von vorn. Auch der Oberkörper des Trainers ist nun stärker nach vorn gebeugt, um die Bereitschaft des Hundes, sich abzulegen, zu erhöhen. Der Oberkörper wirkt hierbei genau wie die Hand richtungsweisend und – nach oben hin – raumbegrenzend. Reagiert der Hund wie gewünscht, unbedingt ausgiebig loben, um die Motivation auch weiterhin zu bewahren.

Komm mit

Aus dem „Platz" heraus lässt sich mithilfe der Körpersprache ganz leicht eine Einladung zum Folgen ableiten. Die Hand, die zuvor mit ausgestreckter Handfläche nach unten wies, wird nun locker geschlossen und mitsamt Arm deutlich zurückgenommen. Die Schultern des Trainers öffnen sich in Bewegungsrichtung, das Gleiche gilt für seine Beine, die schwungvoll voranschreitend zum Mitkommen einladen. Um diesen Effekt noch zu verstärken, kommt nun noch der dem Hund zugewandte Arm zum Einsatz. Er wird mit weicher Körperhaltung, also mit wenig Muskelanspannung im Bauchbereich, zum Hund hin bewegt und lädt ihn mit geöffneter Handfläche ein zu folgen. Dabei ist die Handfläche in Bewegungsrichtung geöffnet.

Der einladenden Hand folgt der Hund gern.

Schmusestunde für Hundekinder

Für Welpen gehören solche Grundübungen natürlich zum ABC. Da für sie alles Neuland ist, müssen Vertrauens- und Bindungsaufbau anfangs im Mittelpunkt des Trainings stehen. Und auch hierbei kann eine einfühlsame Körpersprache Wunder bewirken. Bei der Arbeit mit einem Welpen macht sich der Ausbilder erst mal möglichst klein. Er hockt sich hin und minimiert sein Körpervolumen gezielt, indem er ein Bein anwinkelt, seinen Oberkörper dicht daran annähert und auch mit den Armen ganz nah am Körper bleibt. Der Kopf ist betont freundlich nach vorn und leicht zur Seite geneigt. Der Mund lächelt, die Augen blicken liebevoll auf den Welpen. Beide Hände liegen am Hals des Hundenachwuchses und kraulen ihn. Aus dieser Position heraus lässt sich der nächste Schritt entwickeln. Der Hundetrainer bleibt am Boden hocken, öffnet jedoch seine Körperhaltung.

Tipp für Anfänger

Ein gutes Bauchgefühl für die aktuelle Situation ist eine wichtige Voraussetzung für erfolgreiches Hundetraining. Dabei dürfen auch Emotionen hochkommen. Das sollen sie sogar, weil die Körpersprache des Menschen für den Hund dann besonders deutlich und authentisch wirkt.

Herzlichkeit hilft, Vertrauen aufzubauen.

Langsam größer werden

Eine Hand bewahrt direkten Kontakt, indem sie den Welpen weiter am Hals streichelt. Auch die Kopfposition bleibt die alte und vermittelt mit jedem Zentimeter vertrauensbildende Freundlichkeit. Die linke Hand hält nun eine Leine und bewegt sich mitsamt Unterarm leicht nach hinten, um die Tendenz, Körperkontakt zu suchen, weiter zu verstärken. Vorsicht: Es geht nicht darum, den Welpen mit strammer Leine an sich heranzuziehen. Wirksamer sind feine Leinenimpulse, die leichte Signalwirkung haben, ohne Druck aufzubauen.

Die nächste Stufe der Gewöhnung besteht darin, sich weiter aufzurichten. Die Beine werden dazu fast ganz durchgestreckt. Der Oberkörper muss, um den Kontakt zum Welpen zu wahren, relativ weit vorgebeugt werden. Da das jedoch schnell bedrohlich wirkt, unbedingt auf eine betont weiche Körperhaltung, kombiniert mit extrem freundlicher Kopfhaltung und liebenswertem Gesichtsausdruck, achten. Die rechte Hand hält ebenfalls noch direkten Kontakt, während die linke Hand die Leine etwas weiter nach oben führt. Das ist eine Vorstufe zum späteren Leinentraining.

Zärtliches Kraulen mögen die meisten Hunde.

Nach und nach richtet sich der Trainer auf.

Kleine Ruhepause

Da sich Welpen noch nicht so lange konzentrieren können, bedarf das Training viel Abwechslung. Ist der Kleine bereits müde, bietet sich das Auf-die-Seite-Legen als Abschlussübung an. Die Bereitschaft, sich hinzulegen und auszuspannen ist nach Konzentrationsarbeit groß. Ein Leckerchen weist den Weg ins „Platz". Dazu hält der Trainer die Hand mit dem Leckerbissen dicht am Boden und zieht sie leicht vor, wenn der Welpe mit dem Fang die Hand berührt. Sobald er liegt, sofort das Leckerchen geben, um das Verhalten zu bestärken. Dann senkt der Trainer seine Handfläche zum Boden hin ab. Dabei sollte der Hund die Hand nah vor dem Gesicht haben. Das erhöht die Bereitschaft, ihr zu folgen. Ramona Teschner befürwortet in diesem Fall Leckerchen, weil Welpen noch nicht gelernt haben, die Zuwendung des Menschen als Belohnung zu empfinden.

Das Leckerchen zeigt dem Welpen den Weg ins „Platz".

Aus dem „Platz" lässt sich leicht das seitliche Ablegen entwickeln.

„Platz und Bleib"

Auch das Signal „Platz und Bleib" gehört zum Welpen-ABC. Ramona Teschner führt es gern nach dem „Platz" und nach dem seitlichen Ablegen des Hundes ein. Dazu braucht sie keine Leine, sondern eine Hand, die ein Leckerchen dicht am Körper – ungefähr auf Gürtelhöhe – hält, um die Aufmerksamkeit des Welpen auf sich zu richten. Mit der anderen Hand gibt sie ein Signal, das gleichzeitig nach unten weist, aber auch den Raum nach vorn hin begrenzt: eine leicht gekippte, in Richtung Hund weisende Handfläche. Der leicht nach vorn geneigte Oberkörper und ein etwas nach vorn gestelltes Bein dienen ebenfalls als Raumbegrenzung. Das Bein blockiert den Weg nach vorn, der Oberkörper beansprucht den Bereich oberhalb des Hundes. Diese Übung erfordert viele gleichzeitige Körpersignale, die exakt aufeinander abgestimmt werden müssen.

Und „Halt!"

Das gilt auch für das Stoppen des Welpen aus der Bewegung heraus. Wieder wirkt das dem Hund zugewandte Bein als Raumbegrenzung. Die vom Hund abgewandte Hand nähert sich nun von vorn und von oben kommend. Die Handfläche ist geöffnet und weist zum Hund hin. Ein Spreizen der Finger kann ihren Effekt übrigens noch erhöhen. Durch das Vorbringen der Hand bewegt sich auch die vom Hund abgewandte Schulter auf ihn zu – ein weiteres raumbegrenzendes Zeichen.

Direkter Blickkontakt rundet die Botschaft ab.

„Sitz" wie von Geisterhand

Welpen sind nichts anders als Grundschüler. Manche lernen ausgesprochen gern, andere weniger gern und wieder andere sind richtig kleine Streber. So bieten einige Welpen das „Sitz" aus der Bewegung heraus von sich aus an. Diesen Ansatz nutzt ein geschickter Trainer natürlich, indem er die entsprechenden Körpersignale gibt. Und die sehen so aus: Trainer und Hund laufen nebeneinander her. Plötzlich bleibt der Ausbilder stehen, wendet sein Gesicht dem Hund zu und streckt ihm mit der dem Hund zugewandten Hand ein Leckerchen entgegen. Diese Hand sollte so hoch gehalten werden, dass sie der Welpe mit der Nasenspitze knapp erreicht. Dadurch streckt er den Kopf in die Höhe und das Absenken des Hinterteils fällt noch leichter. Für braves Sitzen gibt es natürlich auch ein Leckerchen.

„Sitz" aus der Bewegung ist eine gute Übung.

Bleib sitzen

Welpen sind ungeduldig und deshalb spurten viele aus dem "Sitz" gleich wieder los. Das ist genau der richtige Zeitpunkt, um die Raumkontrolle zu üben. Dazu wendet der Trainer seinen Oberkörper dem sitzenden Welpen zu, streckt ihm die vom Hund abgewandte Handfläche entgegen und blockiert den Weg, indem er das Bein, das sich neben dem Hund befindet, etwas vorsetzt. Die räumliche Begrenzung ist neu für den Welpen, doch sie gewöhnen sich schnell daran.

Tipp

Die Hand, die bei der Sitzübung das Leckerchen gab, bewegt sich nun nach hinten. Auch das ist ein zusätzlicher Impuls, der ungewolltem Voranstürmen entgegenwirkt.

Freiräume schaffen

Um das Sitz-Signal wieder aufzulösen, bewegt sich der Trainer seitlich vor den Welpen. Er sollte nicht direkt vor dem Hund stehen, weil das die Auflösung des Signals behindert. Der Welpe soll sich erheben und das bedarf Freiraum nach vorn. Folglich steht der Trainer seitlich, streckt dem Welpen eine Hand entgegen und lockt ihn mit einem Leckerchen. Das dem Hund zugewandte Bein ist leicht im Kniegelenk gewinkelt und schafft mehr Freiraum zum Aufstehen. Der Oberkörper des Ausbilders ist nach vorn gebeugt, wobei seine Bauchmuskeln entspannt sind. In der ersten Phase dieser Übung nähert sich der Trainer dem Hund. In Phase zwei leiten seine Körpersignale die Bewegungen des Hundes nach oben. Aufwärts geht es auch beim „Sitz", das sich an die vorangegangenen Übungen anschließen lässt. Dazu blockiert der Trainer den Weg nach vorn, indem er sich mit geschlossenen Beinen vor den Welpen stellt. Sein Gesicht ist dem Welpen zugewandt. Es blickt freundlich, aber konsequent. Beide Hände befinden sich kurz über der Gürtellinie. Eine hält ein Leckerchen, was den Blick des Hundes nach oben lockt. Anfangs reicht es, wenn der Welpe nur einen kurzen Moment lang sitzen bleibt. Dann sofort mit dem Leckerchen belohnen. Nach und nach die Dauer des Sitzens steigern.

Das dem Hund zugewandte Bein ist gewinkelt.

Jetzt wirken die Beine raumbegrenzend.

Missverständliche Körpersprache

Mangelnde Motivation resultiert übrigens oft aus einer missverständlichen Körpersprache des Hundetrainers. Welpen reagieren irritiert oder sogar ängstlich, wenn ihr Gegenüber seltsame Haltungen annimmt oder unkontrolliert gestikuliert. Eine hohe Muskelanspannung bemerken Welpen sofort. Bei zeitgleich vorgebeugtem Oberkörper wirkt das besonders bedrohlich. Nun sind Welpen in der Regel recht klein und das Vorbeugen ist somit kaum zu vermeiden, aber es sollte zumindest immer mit weichem Körper erfolgen. Die Körpersprache darf beim Welpen anfangs auch übertrieben einladend wirken. Mit der Zeit baut man die überdeutlichen Signale schrittweise ab. Das Zutrauen eines Welpen wächst, wenn sich der Trainer viel von ihm wegbewegt und dabei möglichst klein macht. So ergreift der kleine Hund die Initiative und nähert sich dem Trainer. Das fördert das Vertrauensverhältnis.

Tipp

Um den Unterschied zwischen einem drohenden und einem freundlichen Oberkörper zu spüren, einfach folgende Übung machen: Tief einatmen und dann den Oberkörper vorbeugen. Die Luft anhalten und Spannung aufbauen. Dann tief ausatmen und den Oberkörper ganz weich nach vorn lehnen.

Diese Körperhaltung wirkt bedrohlich. Sie macht dem Welpen Angst.

So ist es besser. Jetzt kommt er gern zu ihr.

Nicht mehr Leinendruck aufbauen, als nötig.

Lockere Leine

Sobald auch die Leine ins Spiel kommt, ist gerade bei Welpen Folgendes wichtig: Die Leine zeigt zwar den Weg an, den der Welpe einschlagen soll, oder die Richtung, in die er sich bewegen soll, sie darf ihn jedoch nie dorthin zwingen. Der Widerstand der Leine ist maximal ebenso stark wie der Druck, den der Welpe am anderen Ende aufbaut. Sobald er auch nur einen Hauch weit nachgibt, lässt der Ausbilder die Leine sofort wieder locker. Diese Belohnung ist wichtig für den Lernerfolg.

Kleine Hunde

Bei kleinen Hunden gelten ähnliche Tipps. Auch sie schätzen es, wenn sich der Trainer bei den Grundübungen erst mal zu ihnen herab begibt. Am besten hinhocken und eine freundliche Ausstrahlung annehmen, damit das Vertrauen wächst. Als Nächstes richtet sich der Trainer schrittweise immer weiter auf, Handzeichen werden weiterhin recht tief, in Nähe des Hundes, gegeben. Die Kniegelenke des Trainers sind stärker gebeugt als beim Umgang mit einem größeren Hund. Das wirkt freundlich und entgegenkommend. Da gerade kleine Hunde manchmal schneller ermüden, ist auch bei ihnen an regelmäßige Pausen zu denken. Bei allen ehrgeizigen Trainingszielen muss der Hund zwischendurch auch immer einfach mal nur Hund sein dürfen.

**Kleine Hunde mögen es,
wenn man sich klein macht.**

Bei der Longenarbeit links herum treiben rechter Arm, rechte Schulter und rechte Hüfte den Hund voran.

Hier geht es lang

Manchmal dürfen Hunde bei Ramona Teschner aber auch ein bisschen Pferd sein. Dann, wenn sie die Hundetrainerin frei longiert und dabei viele Körpersignale einsetzt, die sie aus dem Umgang mit Pferden kennt. Darüber hinaus dienen Hände und Arme hierbei als richtungsweisende Hilfen. Vor allem bei den ersten Longierversuchen, die an einer normalen Hundeleine erfolgen. Ramona Teschner beginnt auf der linken Hand. Das bedeutet, dass die linke Körperseite des Hundes nach innen zur Mitte des Kreises zeigt. Ihre linke Hand führt die Leine, wobei die linke Schulter deutlich zurückgenommen wird, um den Weg nach vorn optisch freizu-geben. Der rechte Arm ist ausgestreckt und weist auf den Bereich hinter dem Hund. Die Handfläche ist nach vorn gedreht, so als wolle sie den Hund nach vorn schieben. Die rechte Schulter zeigt ebenfalls auf den Bereich hinter dem Hund und begrenzt somit diesen Raum. Folglich kann es für den Hund nur vorwärtsgehen. Natürlich funktioniert das Longieren auch andersherum und beide Richtungen sollten ohnehin abwechselnd trainiert werden, um einseitige Belastungen zu vermeiden.

Wenn der Hund den Trainer bewusst ignoriert, wird er auch mal in seine Schranken gewiesen.

Hier das Ganze andersherum. So wird die Muskulatur auf beiden Seiten gleichmäßig gestärkt.

Aktive Raumkontrolle

Longieren ist eine Form der Raumkontrolle, die Ramona Teschner bei manchen Hunden auch noch steigert. Sie nennt es „schiebende Hilfe" und setzt sich damit das Ziel, Hunden Grenzen aufzuweisen, ohne körperliche Gewalt einzusetzen. Sanktionen stehen bei ihr an, wenn der Hund sich keinerlei Mühe gibt und einfach ignoriert, was ihm sein Mensch zu sagen hat. Und auch nur dann, wenn sicher ist, dass ihm sein Mensch mithilfe der „ziehenden, einladenden Hilfe" mit positivem Impuls hilft, die richtige Lösung zu finden. Und wenn er logisch und einfach mit dem Hund kommuniziert, aber trotzdem keinerlei Feedback erhält.

Richtig eingesetzt

Wer zum ersten Mal eine aktive Raumkontrolle durch den Hundetrainer erlebt, empfindet sie vielleicht als recht heftiges Signal. Doch man sollte wissen, dass Hunde untereinander genau dieselbe Form der Raumkontrolle einsetzen, um Konflikte zu vermeiden. Das Ziel der Aktion ist somit ein äußerst Positives. Dennoch signalisiert die aktive Raumkontrolle, dass man durchaus dazu bereit ist, Ziele notfalls unter körperlichem Einsatz durchzusetzen. Dazu kommt es zwar nicht, aber beim Hund entsteht zumindest der Eindruck. Das ist der Grund, weshalb eine drohende, ja aggressiv wirkende Körpersprache nur dann zum Einsatz kommt, wenn dies die einzige Möglichkeit ist, die Aufmerksamkeit des Hundes zu erlangen. Und sie sollte stets wohldosiert sein. Die Reitgerte, die Ramona Teschner bei der aktiven Raumkontrolle in der Hand hält, dient nicht dazu, den Hund damit zu berühren. Niemals wird sie als strafendes Element eingesetzt. Die Reitgerte ist ausschließlich eine Verlängerung des Trainerarmes und eine Verstärkung der optischen Hilfen. Es geht schließlich lediglich um Raumkontrolle und nicht um die körperliche Züchtigung des Hundes! Die Raumkontrolle erfolgt, indem der Trainer den Hund mit den Augen fixiert, seinen Oberkörper bei angespannter Bauchmuskulatur vorbeugt und eine drohende Körperhaltung einnimmt, ohne sich jedoch dem Hund zu nähern. Die Leine hängt dabei durch. Das ist wichtig, denn der Hund soll aufgrund der Körpersprache zurückweichen. und nicht aus physischem Druck

Ramona signalisiert deutlich: „Weg mit dir!"

Der Hund hat verstanden und weicht.

Bei großen, selbst-
bewussten Hunden
erfolgt die Raum-
kontrolle mit aufge-
richtetem Körper.

Signale verstärken

Erfolgt keine Reaktion, müssen die Signale verstärkt werden, bis der Hund endlich aufmerksam wird und aus dem Individualkreis seines Ausbilders weicht. Der Radius beläuft sich auf zwei bis fünf Meter, abhängig vom Spielraum, den die Leine lässt. Der Trainer spreizt seine Arme weiter vom Körper ab, macht sich breiter und damit imposanter. Reicht das nicht, bewegt er sich auf den Hund zu und zwar nicht im Schneckentempo, sondern überzeugend und zackig. Die klare Botschaft lautet: Weiche aus meinem Radius, du bist mir zu unhöflich. Danach sollte ein positiver Abschluss erfolgen, um die Kooperationsbereitschaft des Hundes zu fördern.

Das kann ein Vorsitzen mit engem Körperkontakt und Kopfkraulen sein. So lernt der Hund, dass es sich lohnt, auf den Menschen zu achten. Da die aktive Raumkontrolle maximal ausgeprägte Körpersignale mit sich bringt, ist gerade bei sensiblen Hunden sehr bedacht damit zu verfahren. Um sie nicht gleich mit maximalem Körpereinsatz zu sehr einzuschüchtern, kann sich der Trainer in eine gebückte, kniende Position begeben und von dort aus mehr Raum beanspruchen. Auch das Heranholen und positives Bestärken erfolgt aus dieser Position heraus. Dieser Abschluss ist wichtig, um das Vertrauensverhältnis zum Hund nicht unnötig zu belasten.

Zum Weiterlesen

Hundeverhalten

Wenn Sie mehr über die Körpersprache Ihres Hundes erfahren wollen, empfehlen wir Ihnen:

Bloch, Günther: **Der Wolf im Hundepelz.** Hundeerziehung aus unterschiedlichen Perspektiven. 2004

Bloch, Günther: **Wölfisch für Hundehalter.** Von Alpha, Dominanz und anderen populären Irrtümern. 2010

Collins, Sophie: **Schwanzwedeln.** Hundesprache auf einem Blick. 2009

Feddersen-Petersen, Dorit: **Ausdrucksverhalten beim Hund.** Mimik und Körpersprache, Kommunikation und Verständigung. 2008

Feddersen-Petersen, Dorit: **Hundepsychologie.** Sozialverhalten und Wesen, Emotionen und Individualität. 2004

Ganßloser, Udo: **Verhaltensbiologie für Hundehalter.** Verhaltensweisen aus dem Tierreich verstehen und auf den Hund beziehen. 2007

Handelman, Barbara: **Hundeverhalten.** Mimik, Körpersprache und Verständigung. Mit über 800 ausdrucksstarken Fotos. 2010

Rütter, Martin: **Sprachkurs Hund.** Körpersprache verstehen, richtig kommunizieren. 2009

Schöning, Barbara: **Hundeverhalten.** Verhalten verstehen, Körpersprache deuten. 2008

Körpersprache beim Mensch

Was sagt Ihr Gegenüber? Manches wissen Sie intuitiv, anderes kann durch diese Bücher noch einmal verdeutlicht werden:

Adamczyk, Gregor und Tiziana Bruno: **Körpersprache** – Best of Edition. Haufe Lexware 2009

Molcho, Samy: **Alles über Körpersprache.** Sich selbst und andere besser verstehen. Goldmann 2002

Navarro, Joe: **Menschen lesen.** Ein FBI-Agent erklärt, wie man Körpersprache entschlüsselt. mvg-Verlag 2010

Beschäftigung für Hunde

Sie haben Lust auf Tricks oder Agility bekommen und wollen Ihr neues Wissen über Körpersprache auch im Sport ausprobieren? Dann versuchen Sie es mit

Doepp, Simone und Gabriele Metz: **Trick Dogs.** Coole Kunststücke für pfiffige Hunde. 2009

Theby, Viviane und Michaela Hares: **Agility.** Vom ersten Hindernis zum großen Parcours. 2011

Register

Bedeutung der Icons

Die meisten Icons beziehen sich sowohl auf den Menschen als auch auf den Hund.

 freundlicher Gesichtsausdruck, freundliche Haltung und Grundeinstellung

 neutraler Gesichtsausdruck, neutrale Haltung. Alles bleibt so, wie es ist.

 unfreundlicher Gesichtsausdruck, drohende Haltung, Zeichen von Dominanz.

 gesenkter Blick, Demutsgeste beim Hund. Ich tu Dir nichts!

 Kopf abwenden. Ähnlich wie beim gesenkten Blick wird Druck aus der Situation genommen.

 Lippen lecken und Züngeln: Beschwichtigungsgeste beim Hund.

 Tief durchatmen. Gleichmäßige Atmung signalisiert Ruhe und Gelassenheit.

 zeigt eine neue Idee an.

 Sichtzeichen für „Halt!" oder „Bleib!"

 Sichtzeichen für „Sitz!"

 Sichtzeichen für „Platz!"

 Sichtzeichen für „Komm!"

 Freundliche Einladung, näherzukommen. Pföteln beim Hund.

 Richtige Leinenhaltung.

Bildnachweis

116 Farbfotos wurden von Gabriele Metz/Kosmos für dieses Buch aufgenommen.
Weitere Farbfotos von istockphoto (© Kathy Kifer 1; S. 53, © Agata Malchrowicz 1; S. 36), Juniors Bildarchiv (1; S. 13 u.), Reinhard Tierfoto (1; S. 27 o.r.), Horst Streitferdt/Kosmos (3; S. 28 beide, 30), Sabine Stuewer (2; S. 31, 32), Sabine Stuewer/Kosmos (3; S. 17 u., 27 o.l., 55 u.), Viviane Venzke/Kosmos (6; S. 16, 17 o., 19 o., 27 u., 40 o., 51 u.)

Impressum

Umschlaggestaltung von eStudio Calamar unter Verwendung von zwei Farbfotos von Gabriele Metz/Kosmos

Mit 135 Farbfotos.

Unser gesamtes lieferbares Programm und viele weitere Informationen zu unseren Büchern, Spielen, Experimentierkästen, DVDs, Autoren und Aktivitäten finden Sie unter **www.kosmos.de**

Gedruckt auf chlorfrei gebleichtem Papier

Alle Angaben in diesem Buch erfolgen nach bestem Wissen und Gewissen. Sorgfalt bei der Umsetzung ist indes dennoch geboten. Autorinnen und Verlag übernehmen keinerlei Haftung für Personen-, Sach- und Vermögensschäden, die aus der Anwendung der vorgestellten Materialien und Methoden entstehen können.

© 2011, Franckh-Kosmos Verlags-GmbH & Co. KG, Stuttgart.
Alle Rechte vorbehalten
ISBN 978-3-440-12285-3
Redaktion: Alice Rieger
Gestaltungskonzept: WALTER Typografie & Grafik GmbH, Würzburg
Gestaltung und Satz: Atelier Krohmer, Dettingen/Erms
Produktion: Eva Schmidt
Printed in Germany / Imprimé en Allemagne